北京农业职业学院"双高""特高"建设项目系列教材

# 农业物联网技术应用

NONGYE WULIANWANG JISHU YINGYONG

张文静　曹旻罡　主编

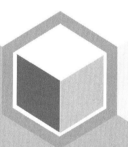

中国农业出版社
北　京

## 内容简介

本书共六个学习单元,包括认识农业物联网、种植业中的物联网技术、养殖业中的物联网技术、农产品追溯中的物联网技术、农业机器人中的物联网技术和乡村振兴中的物联网技术。每个单元由若干任务构成,任务以案例导读—知识提炼—实践检验—课后任务的结构为主线,将物联网系统知识和技能自然融入农业应用案例中,让读者充分了解物联网在农业中发挥的作用,激发读者学习物联网专业知识和助力乡村建设的热情。本书内容通俗易懂,普适性强,案例与农业需求贴合紧密,以物联网技术在农业方面的实际应用和推广为重点,培养读者农业物联网系统的认知和应用推广能力。本书可作为(农业)职业类院校物联网应用技术等电子信息类专业(群)、职业院校农业类专业(群)教材,亦可作为高素质农民、基层农技人员培训用书。

## 编写人员

**主　编**　张文静　曹旻罡
**副主编**　曲爱玲　王少华　解　菁　刘　茵
**参　编**　林世舒　钱　韬　孙传恒　李娇阳　武　宏
**策　划**　杨永杰　张　晖　王晓民

# 前言
FOREWORD

物联网是新一代信息网络技术的高度集成和综合运用,已成为新一轮产业革命的重要方向和推动力量。国家政策的支持和技术的创新发展,使得物联网走进了国民经济行业的各个领域。农业是国民经济的基础,是人民赖以生存之本,历来备受重视。我国已经取得农村脱贫攻坚的伟大胜利,"三农"工作重心将转为全面推进乡村振兴,农村物联网新型基础设施建设不断推进,加速了农业产业数字化、智慧化转型。

但农业产业较之制造业、金融业、建筑业等在经济投入和产出效益比上较低,社会资本投入较少,造成物联网、大数据等新一代信息技术在农业方面的推广应用相对薄弱,也造成物联网农业应用方面的教材,特别是职业类教材比较匮乏。基于此背景,北京农业职业学院信息技术系物联网应用技术专业联合行业相关企事业单位合作编写了本教材,以顺应地区经济发展需求、满足学院发展和专业群发展需要。

本书包括认识农业物联网、种植业中的物联网技术、养殖业中的物联网技术、农产品追溯中的物联网技术、农业机器人中的物联网技术、乡村振兴中的物联网技术六个单元,系统地介绍了农业物联网应用技术。每个单元分为若干任务,每个任务均采用恰当的案例引出知识和技能点,按照案例导读—知识提炼—实践检验—课后任务为教学主线。

本书围绕农业生产中的需求,选用农业应用典型案例,强调实际农业应用和农业物联网技术应用推广。内容通俗易懂,难度适中,图文并茂,使得理解上更为直观,吸引学习者兴趣,适合中高职学生和广大高素质农民、基层农技人员学习。

本教材编写以农业应用场景划分,摒弃传统的导论课程以理论性较强的内容为组织形式,按照"案例—提炼—实践—检验—巩固"的技术技能人才培养流程，以物联网在农业中的典型案例为主线，从具体应用中引出关键技术，从典型场景中认识物联网，不仅增强了课程内容的趣味性，也进一步聚焦了课程内容，最终为读者建立全面的农业物联网系统架构与技术体系。

本书编写过程中充分调研了农民的实际需求，多家（农业）物联网企业配合完成案例制作，并聘请校企合作单位专家进行指导，具备较强的针对性和实用性，适应行业发展需求。

案例和内容表述上突出故事性和趣味性，易于理解，有利于激发读者对物联网行业、专业的兴趣，同时培养读者的物联网系统思维方式和创新意识。

书中大多数任务设立了具有开放性、综合性、挑战性的课后任务，引导读者自主学习，锻炼实际应用能力，促使读者关心关注农业问题，进而为农村发展贡献力量。

本书由张文静、曹旻罡任主编，曲爱玲、王少华、解菁、刘茵任副主编，林世舒、钱韬、孙传恒、李娇阳、武宏参与编写和指导。其中，单元一由刘茵编写、单元二由曹旻罡编写、单元三由曲爱玲编写、单元四由解菁编写、单元五由王少华编写、单元六由张文静编写。林世舒、钱韬、孙传恒、李娇阳、武宏负责本书案例材料的整理和编辑工作。此外，本书的编写还得到了新大陆时代教育科技公司、国家农业信息化工程技术研究中心、北京极益科技有限公司、精讯畅通电子科技有限公司、石家庄圣启科技有限公司、无锡恺易物联网科技发展有限公司、浙江托普云农科技股份有限公司、云南新享农业科技公司等行业企业及专家的指导，仕此表示诚挚的感谢。

由于编者水平和条件限制，书中难免会存在不足之处，恳请各界专家和广大读者批评指正。

编　者

2021 年 10 月

# 目录

前言

## 单元一 认识农业物联网

单元导学 ·········································································································· 1
知识导图 ·········································································································· 1
任务1 走进物联网 ······························································································ 2
    一、案例导读 ······························································································ 2
    二、知识提炼 ······························································································ 3
    三、实践检验 ······························································································ 7
    四、课后任务 ······························································································ 7
任务2 了解农业物联网 ······················································································· 7
    一、案例导读 ······························································································ 7
    二、知识提炼 ······························································································ 8
    三、实践检验 ···························································································· 12
    四、课后任务 ···························································································· 12
任务3 熟悉农业物联网感知层技术 ····································································· 13
    一、案例导读 ···························································································· 13
    二、知识提炼 ···························································································· 13
    三、实践检验 ···························································································· 19
    四、课后任务 ···························································································· 20
任务4 熟悉农业物联网传输层技术 ····································································· 21
    一、案例导读 ···························································································· 21
    二、知识提炼 ···························································································· 22
    三、实践检验 ···························································································· 27
    四、课后任务 ···························································································· 27
任务5 熟悉农业物联网（云）平台层技术 ···························································· 27

| 一、案例导读 | 27 |
| 二、知识提炼 | 28 |
| 三、实践检验 | 32 |
| 四、课后任务 | 33 |
| 单元小结 | 33 |

## 单元二　种植业中的物联网技术

| 单元导学 | 34 |
| 知识导图 | 35 |
| 任务1　认识智能温室大棚并搭建其控制系统 | 35 |
| 一、案例导读 | 35 |
| 二、知识提炼 | 37 |
| 三、实践检验 | 46 |
| 四、课后任务 | 58 |
| 任务2　构建智能水肥一体化系统 | 58 |
| 一、案例导读 | 58 |
| 二、知识提炼 | 58 |
| 三、实践检验 | 66 |
| 四、课后任务 | 66 |
| 单元小结 | 66 |

## 单元三　养殖业中的物联网技术

| 单元导学 | 67 |
| 知识导图 | 68 |
| 任务1　了解"京东跑步鸡"项目 | 69 |
| 一、案例导读 | 69 |
| 二、知识提炼 | 69 |
| 三、实践检验 | 79 |
| 四、课后任务 | 80 |
| 任务2　设计智慧水产养殖系统 | 80 |
| 一、案例导读 | 80 |
| 二、知识提炼 | 82 |
| 三、实践检验 | 84 |

四、课后任务 ·················································································· 86
单元小结 ························································································ 86

## 单元四 农产品追溯中的物联网技术

单元导学 ························································································ 87
知识导图 ························································································ 88
### 任务1 了解放心菜可追溯系统 ·························································· 88
一、案例导读 ·················································································· 88
二、知识提炼 ·················································································· 88
三、实践检验 ·················································································· 98
四、课后任务 ·················································································· 99
### 任务2 设计放心肉可追溯系统 ·························································· 99
一、案例导读 ·················································································· 99
二、知识提炼 ·················································································· 99
三、实践检验 ················································································ 104
四、课后任务 ················································································ 105
### 任务3 实现鱼子酱可追溯系统 ························································ 105
一、案例导读 ················································································ 105
二、知识提炼 ················································································ 106
三、实践检验 ················································································ 109
四、课后任务 ················································································ 111
单元小结 ······················································································ 111

## 单元五 农业机器人中的物联网技术

单元导学 ······················································································ 112
知识导图 ······················································································ 113
### 任务1 机器人播种 ······································································ 113
一、案例导读 ················································································ 113
二、知识提炼 ················································································ 115
三、实践检验 ················································································ 119
四、课后任务 ················································································ 119
### 任务2 机器人植保 ······································································ 119
一、案例导读 ················································································ 119

二、知识提炼 ……………………………………………………………………… 120
　　三、实践检验 ……………………………………………………………………… 125
　　四、课后任务 ……………………………………………………………………… 125
任务3　机器人采摘 …………………………………………………………………… 126
　　一、案例导读 ……………………………………………………………………… 126
　　二、知识提炼 ……………………………………………………………………… 127
　　三、实践检验 ……………………………………………………………………… 130
　　四、课后任务 ……………………………………………………………………… 130
任务4　机器人分选 …………………………………………………………………… 131
　　一、案例导读 ……………………………………………………………………… 131
　　二、知识提炼 ……………………………………………………………………… 132
　　三、实践检验 ……………………………………………………………………… 134
　　四、课后任务 ……………………………………………………………………… 135
单元小结 ………………………………………………………………………………… 135

## 单元六　乡村振兴中的物联网技术

单元导学 ………………………………………………………………………………… 136
知识导图 ………………………………………………………………………………… 138
任务1　乡村振兴方案设计 …………………………………………………………… 138
　　一、案例导读 ……………………………………………………………………… 138
　　二、知识提炼 ……………………………………………………………………… 140
　　三、实践检验 ……………………………………………………………………… 142
　　四、课后任务 ……………………………………………………………………… 145
任务2　农民创收增收途径探索 ……………………………………………………… 145
　　一、案例导读 ……………………………………………………………………… 145
　　二、知识提炼 ……………………………………………………………………… 147
　　三、实践检验 ……………………………………………………………………… 148
　　四、课后任务 ……………………………………………………………………… 152
任务3　安居宜居乡村建设规划 ……………………………………………………… 153
　　一、案例导读 ……………………………………………………………………… 153
　　二、知识提炼 ……………………………………………………………………… 154
　　三、实践检验 ……………………………………………………………………… 156
　　四、课后任务 ……………………………………………………………………… 158
任务4　惠农利农项目案例实施 ……………………………………………………… 159

一、案例导读 ………………………………………………………………… 159
二、知识提炼 ………………………………………………………………… 160
三、实践检验 ………………………………………………………………… 161
四、课后任务 ………………………………………………………………… 163
单元小结 ………………………………………………………………………… 163

**参考文献** …………………………………………………………………………… 164

# 单元一 认识农业物联网

## 单元导学

互联网时代过后,我们将迎来物联网时代。可能我们并不清楚物联网时代的到来对我们的生活意味着什么,那么,先让我们来体验一下,物联网给我们的衣、食、住、行所带来的变化。

带有传感器的衣服,穿上之后随时知道自己的身体状况;带有控制芯片的衣服,穿上之后可以控制各种各样的设备;穿了配有电子标签的儿童睡衣,儿童离开父母一定距离,警报器就会启动。

在超市购买蔬菜,只要用手机扫一扫包装袋上的条形码,就可以查询到蔬菜的原材料的产地、加工地、成分等信息,甚至还能查到蔬菜的整个物流过程。

当你身在千里之外,发条指令就能让在家"待命"的电饭锅开始煮饭;回家前发条指令,浴缸里就能自动放好洗澡水;不再有陌生人敲响你的家门抄水表燃气表,非常简单的数据采集器和传感装置可通过无线通道将数据反馈到接收端。

智能城市交通系统会将整个城市内的车辆和道路信息实时收集起来,并计算出最优的交通指挥方案和车行路线。机动车辆发生事故时,车载设备就可以向交通管理中心发出信息,便于及时处理以减少道路拥堵。

在物联网时代,智慧医疗监控、智能出行、智能电网、电子钱包等已经慢慢渗透到我们人类生活的各个领域,这看起来如科幻片一样的生活片段,还只是物联网的冰山一角。

随着国家改革红利的不断释放、农业信息化的持续深入推进以及农业经营模式的不断发展,物联网在农业领域应用范围广泛,发展前景广阔。本学习单元将带你走进物联网的世界,一起来认识物联网和农业物联网。

## 知识导图

本单元包含走进物联网、了解农业物联网、熟悉农业物联网感知层技术、熟悉农业物联网传输层技术和熟悉农业物联网平台层技术五个学习任务(图1-1)。

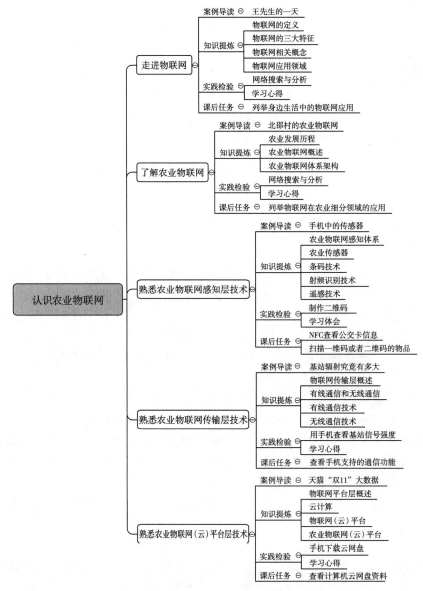

图 1-1　知识导图

---

## 任务 1　走进物联网

### 一、案例导读

随着全球信息化时代的快速发展，智能化与人性化大幅度提高，人们足不出户就可以享受丰富多彩的信息化生活。看一看在物联网时代下，王先生是如何度过美好的一天的吧。

早上 5：30。智能电饭锅自动在早上 5：30 煮粥。王先生昨天晚上把大米放进智能电饭锅，并通过手机软件设定了开启时间，时间一到，智能电饭锅开始煮粥。

早上 6：50。闹铃响起，起床时间到，卧室音响系统启动，响起美妙音乐，窗帘自动开启,阳光照射进卧室,美好的一天开始了。

早上 7:05。爷爷奶奶在早饭前量了血压和血氧,数据上传到健康云,记录两位老人的日常健康数据。后续医生会根据上传的历史数据,对老人的健康进行跟踪干预。

早上 7:32。王先生将车开到小区大门口,车闸摄像头智能识别出已登记的车牌,自动抬杠放行。

上午 9:00。快递员送快递到楼下,按了楼宇门铃,由于王太太家中无人,可视门禁系统将信息转给了王太太。王太太在陪老人逛公园,手机上的智慧社区客户端提示家中有访客,王太太用手机与快递员进行视频对话,约定重新上门的时间。

上午 12:30。午饭时间,家里没有人,王先生用手机控制自动喂食机,给狗狗的食盆添加了食物,狗狗闻到香味开始用餐。

下午 6:30。一家人回到家,撤销安全布防后,房间灯光感应系统感知到室内照明不足,自动调整到合适的亮度。

晚上 23:15。全家人都休息了,室内主要照明设备熄灭。只留过道夜灯,安全布防自动开启,窗帘自动关闭。

## 二、知识提炼

> **学习目标**
> - 了解身边的物联网应用
> - 正确认知物联网及其特征
> - 熟悉物联网的典型应用
>
> **重点知识**
> - 物联网的起源及定义
> - 物联网的典型应用场景
>
> **难点问题**
> - 物联网的三大特征
> - 物联网与互联网、传感网、泛在网等概念的区别与联系

### (一)物联网的定义

目前对于"物联网"这一概念还没有一个统一的定义,原因一方面在于对物联网的认识还不够深入,物联网的知识体系还未完全建立;另一方面在于对物联网的认识存在主观性,由于物联网涉及的技术和领域比较多,不同领域的研究学者或组织机构对物联网的定义都有一定的侧重性,如同盲人摸象。本书列出了国际上及国内典型的定义。

(1)国际电信联盟(International Telecommunication Union,ITU)的定义。物联网就是通过射频识别(radio frequency identification,RFID)装置、红外感应器、全球定位系统和激光扫描器等信息传感设备,按约定的协议,把任何物品与互联网相连接,进行信息交换

和通信，以实现智能化识别、定位、跟踪、监控和管理的一种网络。国际电信联盟正式将物联网的英文名称命名为"the Internet of Things"，简称"IOT"。

（2）国家标准中的定义。国家标准《物联网术语》（GB/T 33745—2017）对物联网技术的定义为："通过感知设备，按照约定协议，连接物、人、系统和信息资源，实现对物理世界和虚拟世界的信息进行处理并做出反应的智能服务系统"。

（3）更容易接受的物联网定义。根据物联网这三个字，可以联想到"物—物体—物品""联—联系—连接""网—网络—互联网"，由这些联想可以大致理解为，物联网就是"物物相连的互联网"，把所有物品通过信息传感设备与互联网连接起来，连接的主要目的是进行信息交换和通信，以实现智能化识别和管理。

### （二）物联网的三大特征

物联网具有全面感知、可靠传输、智能处理三大特征。如果把物联网比作人体系统（图1-2），那么全面感知就是人的感官系统进行触摸感觉，可靠传输就是人的神经网络系统进行感觉传输，智能处理就是人的大脑进行思考。

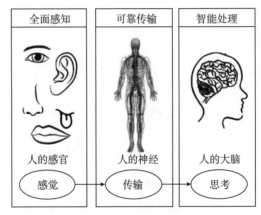

图1-2　物联网特征

（1）全面感知。全面感知就像人身体系统中的感觉器官，眼睛收集各种图像信息、耳朵收集各种音频信息、皮肤感觉外界温度等。所有的器官共同工作，才能够对人所处的环境条件进行准确感知。全面感知是指物联网随时随地获取物体的信息。物联网中各种不同的传感器如同人体的各种器官，对外界环境进行感知。例如，可以获取物体所处环境的温度、湿度、位置、运动速度等信息。物联网通过RFID、温湿度传感器、全球定位系统（global positioning system，GPS）、速度传感器等感知设备对物体各种信息进行感知获取。

（2）可靠传输。可靠传输在人体系统中相当于神经系统，把各器官收集到的各种不同信息进行传输，传输至大脑中由大脑做出正确的指示，同样，大脑做出的指示也经过神经系统传递给各个部位进行相应的改变和动作。可靠传输对整个网络高效、正确的运行起到了很重要的作用，是物联网的一个重要特征。可靠传输是指物联网通过对无线网络与互联网的融合，将物体的信息实时准确地传递给用户。获取信息是为了对信息进行分析处理，从而进行相应的操作处理。物联网中的传输可以使用目前互联网所使用的各种传输技术，包括有线、无线，以及广域、局域、个域。

（3）智能处理。智能处理相当于人的大脑根据神经系统传递来的各种信号做出决策，指导相应的器官进行活动。在物联网系统中,智能处理部分将搜集来的数据进行处理运算,然后做出相应的决策,来指导系统进行相应的操作,它是物联网应用实施的核心。智能处理是指利用各种人工智能、数据挖掘、云计算及模糊识别等技术,对物联网海量数据和信息进行分析和处理,对物体实施智能化监测与控制。

### (三)物联网相关概念

**1. 物联网与互联网** 从字面上看,"互联网"和"物联网"的区别很明显:互联网是人与人之间的联网(人人相连),物联网是物与物之间的联网(物物相连)。

互联网是基于人主动驱动的场景,是基于事件、流程的驱动而人为发起的。大多数情况下属于间歇性行为,存在聚集效应;具有高信息浓度、高网络吞吐特性。常见于与人相关、与内容相关的场景,如娱乐、购物、学习、健身、游泳、商务处理等。

物联网是基于物品自发驱动的场景,是基于状态、规则的驱动而触发场景的。大多数情况下属于持续性守候,基于场所发生;具有高传感器浓度、高网络覆盖特性。常见于基于状态调度、自动化的操作和大数据分析等场景,如智能城市、智能设备、无人商店、无人驾驶车等。

物联网是在互联网基础上的延伸和扩展,是以互联网为基础发展起来的新一代信息网络。物联网比互联网技术更复杂、产业辐射面更宽、应用范围更广,对经济社会发展的带动力和影响力更强。但是物联网技术的重要基础和核心仍旧是互联网,通过各种有线和无线网络与互联网融合,将物体的信息实时准确地传递出去。

互联网与物联网相结合将带来意想不到的效果,最终达到以社会思维、群体智慧、个人智能与运行环境相结合的模拟,形成整个社会的智能化资源配置,解决跨领域和地域的问题。

**2. 物联网与传感网、泛在网** 三者之间的关系可以概括为泛在网包含物联网,物联网包含传感网(图1-3)。

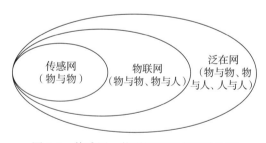

图1-3 传感网、物联网和泛在网的关系

(1)物联网与传感网。传感器是能够把外部物理信号转化为电信号的一种装置。按照连接方式分,传感器可以分为有线连接和无线连接。传感网可以看成传感器模块和组网模块共同构成的一个网络,它的感知是一个单向信息采集的网络。传感器仅仅感知到信号,并不强调对物体的标识和测控,例如可以利用温度传感器感知到森林的温度,但并不是感知哪棵树。而物联网却更注重对具体物体的标识和指示,例如利用温度传感器感知到森林中一棵树的温度,并用条形码和RFID装置,把这棵树打上标记。从这个层面来看,传感网属于物联网的一部分,它们之间的关系是局部与整体的关系,也就是说物联网包含传感网。

(2)物联网与泛在网。"泛在网"即广泛存在的网络,它以无所不在、无所不包、无所不能为基本特征,以实现在任何时间、任何地点、任何人、任何物都能顺畅地通信为目标。

泛在网的范围比物联网还要大,除了人与人、人与物、物与物的沟通外,它还涵盖了人与人的关系、人与物的关系、物与物的关系。可以这样说,泛在网包含了物联网、互联网、传感网的所有内容,以及人工智能和智能系统的部分范畴,是一个整合了多种网络的更加综合全面的网络系统。

### (四)物联网应用领域

物联网的应用领域涉及各行各业(图1-4)。

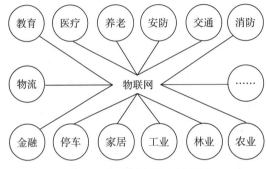

图1-4 物联网主要应用领域

(1)智慧校园。物联网技术把学校的硬件和软件有效结合在一起,使各项资源能够实现共享,从而加大其利用率,还可以提升学校的运行效率,进而提高教学质量和科研水平。主要应用范围有校园一卡通、智慧教学、资产管理等。

(2)智慧建筑。对建筑内设备在消防、用电、照明、楼宇控制等多方面进行感知、传输,从而实现远程监控,不仅能做到节约能源,还可以减少楼宇人员的运维。

(3)智能医疗。在智能医疗领域,新技术的应用必须以人为中心。而物联网技术是数据获取的主要途径,能有效地帮助医院实现对人和物的智能化管理,主要应用范围有医疗可穿戴设备和数字化医院。

(4)智能零售。零售与物联网的结合主要体现在无人便利店和自动售货机。

(5)智能交通。智能交通是物联网的体现形式,利用先进的传感技术、通信传输技术以及计算机处理技术等,通过集成到交通运输管理体系中,使人、车和路能够紧密地配合,改善交通运输环境,保障交通安全以及提高资源利用率。主要应用范围包括充电桩、车联网、智慧停车、共享单车、高速ETC等。

(6)智慧物流。物联网应用于物流行业中,主要体现在三方面,即仓储管理、运输监测和智能快递柜。

(7)智能家居。物联网应用于智能家居领域,能够对家居类产品的位置、状态、变化进行监测,分析其变化特征,同时根据人的需要,在一定的程度上进行反馈。智能家居整体会将家居监控、娱乐影音、家居安防、家居控制、背景音乐控制、空调控制、可视对讲、集中管理、遥控器控制、远程控制、手机报警等子智能系统融为一体。

(8)智慧农业。智慧农业是农业与物联网、大数据、云计算等信息技术的融合,主要应用在农业种植、畜牧养殖方面。农业种植利用传感器、摄像头、卫星来促进农作物和机械装备的数字化发展。而畜牧养殖通过耳标、可穿戴设备、摄像头来收集数据,然后分析并使用算法判断畜禽的状况,精准管理畜禽的健康、喂养、位置、发情期等。

## 三、实践检验

### (一)网络搜索与分析

1. 选取一个完整的物联网应用系统分析物联网的三大特征。

   答：_____

   _____

2. 物联网与互联网的区别和联系有哪些?

   答：_____

   _____

3. 乡村全面振兴之下,物联网都在哪些领域助力乡村振兴?举例说明。

   答：_____

   _____

### (二)学习心得

答：_____

_____

## 四、课后任务

请列举物联网在身边生活中的具体应用。物联网带来了哪些方便?

答：_____

_____

_____

---

# 任务2 了解农业物联网

## 一、案例导读

初秋,河北定州市东留春乡北邵村,千余亩高产玉米长势正旺,大田里一片油绿。农业合作社社员们在挂面车间的生产线上忙碌,工作间隙掏出手机,就可以查看自家地里玉米的生长情况。

"现在乡亲们基本上都'手机种地'了,今年抗灾保丰收,多亏了农业物联网。"社员们说着,在手机上进入"科百云数据"网站,登录后,就能查看光照度、温度、湿度等12项实时监控数据。以往想看庄稼长势,就需到地里走一趟,半天时间就过去了。现在手机信息平台打开"视频监控"板块,就能看玉米有没有倒伏、叶子有没有发黄,坐在屋里就全搞定了,真是省心省力。

北邵村从2020年开始使用农业物联网,大田里安装有各类传感器,能够采集农业环境信息，远程传输至数据平台，经过综合分析，科学指导农户进行农业生产活动。当土壤湿度过低时，信息平台随即发出预警，工作人员及时给黑小麦补水，确保了作物正常生长。

物联网不仅采集实时数据，同时也具备大数据储存功能。北邵村农业合作社生产的挂面、黑小麦粉等，消费者只要扫一扫包装上的二维码，就可以进行原料质量追溯。通过农业物联网技术，农产品实现了"生产有记录，产品有标识，质量有检测"，进一步保障了食品安全。

## 二、知识提炼

> ● 学习目标
> - 了解农业发展过程及现状
> - 熟悉农业物联网的概念和内涵
> - 掌握农业物联网的架构体系
>
> ● 重点知识
> - 农业发展的阶段进程
> - 农业物联网的概念及内涵
>
> ● 难点问题
> - 农业物联网的架构体系

### （一）农业发展历程

农业的发展史就是农业革命史，随着科技发展、生产力水平提高、人口激增、土地减少，农业革命不断出现新内容。农业发展先后经历了原始农业、传统农业和现代农业三个阶段。按照发展阶段和发展水平，工业有1.0到4.0阶段，信息化有1.0到4.0阶段，《农业4.0即将来临的智能农业时代》一书中介绍了农业1.0到农业4.0的演进（图1-5）。

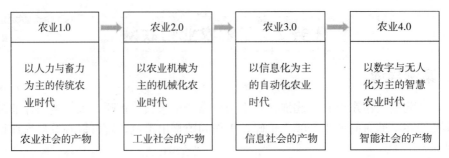

图1-5 农业1.0到农业4.0的演进

**1. 农业1.0时代** 农业1.0时代是以人力与畜力为主的传统农业时代。传统农业是在自然经济条件下，采用人力、畜力、手工工具、铁器等为主的手工劳动方式，靠世代积累下来的传统经验发展，以自给自足的自然经济居主导地位的农业。农业1.0是依靠个人体力劳动及畜力劳动的农业经验模式，人们根据经验来判断农时，利用简单的工具和畜力来耕种，主要以小规模的一家一户为单元从事生产，生产规模较小，生产技术和经营管理水平较为落后，抗御自然灾害能力差，农业生态系统功效低，商品经济属性较薄弱。

传统农业的基本特征有：金属农具和木制农具代替了原始的石器农具；畜力成为生产的主要动力；整套的农业技术措施逐步形成，如选育良种、防治病虫害、改良土壤、改革农具、积肥施肥、利用能源、兴修水利、实行轮作制等。

**2. 农业2.0时代**　农业2.0时代是以农业机械为主的机械化农业时代。伴随着工业革命的发展，农业机械化工具不断出现，农业装备开始广泛应用，农业进入2.0时代。农活操作由使用人畜力转移为使用机械，手工劳动被机械操作所取代，改善了"面朝黄土背朝天"的农业生产条件，将落后低效的传统生产方式转变为先进高效的大规模生产方式，降低了人们的劳动强度，大幅提高了劳动生产率和农业生产力水平。

机械化农业时代的主要特征有：广泛地运用现代科学技术，由顺应自然变为自觉地利用自然和改造自然，由凭借传统经验变为依靠科学，成为科学化的农业，使其建立在植物学、动物学、化学、物理学等科学高度发展的基础上。把工业部门生产的大量物质和能量投入到农业生产中，以换取大量农产品，成为工业化的农业。

**3. 农业3.0时代**　农业3.0时代是以信息化为主的自动化农业时代。随着计算机、电子及通信等现代信息技术以及自动化装备在农业中的应用逐渐增多，农业步入3.0时代。它是以现代信息技术的应用和局部生产作业自动化、智能化为主要特征的农业。与机械化农业相比，自动化农业的自动化程度更高，资源利用率更大，土地产出率和劳动生产率更高。通过加强农村广播电视网、电信网和计算机网等信息基础设施建设，充分开发和利用信息资源，构建信息服务体系，促进信息交流和知识共享，使现代信息技术和智能农业装备在农业生产、经营、管理、服务等各方面实现普及应用。

农业3.0以单一信息技术应用为主要特征，近几年，国内农业互联网、农业电子商务、农业电子政务、农业信息服务取得了重大进展。

**4. 农业4.0时代**　农业4.0时代是以数据化和无人化为主的智慧农业时代。农业4.0是资源软整合、数据驱动的农业，通过网络和信息对农业资源进行软整合，增加资源的技术含量，在大数据、云计算、物联网等现代互联网技术的帮助下，对传统农业全产业链进行系统性、颠覆性与整体性的改变与提升。

农业4.0融合了更多的高科技与现代化技术，并将其应用在农业生产、农业经营、管理及服务等农业产业链的各个环节，是整个农业产业链的智能化，农业生产与经营活动的全过程都将由信息流把控，形成高度融合、产业化和低成本化的新的农业形态，是现代农业的转型升级。不仅改变了农业以劳动力生产为主的生产方式，也使农产品更加安全可靠。

农业4.0时代的智慧农业具有更完备的信息化基础支撑、更透彻的农业信息感知、更集中的数据资源、更广泛的互联互通、更深入的智能控制、更贴心的公众服务，是技术革新农业的集中体现，是机械化农业、数字农业的融合和扩大。物联网技术是智慧农业的关键技术，应用在农业的全周期，包括生产、经营、管理、服务、产品流通和消费等环节。

**(二) 农业物联网概述**

**1. 什么是农业物联网？**　经过10多年的发展，物联网技术和农业领域的应用日益紧密地集成，形成了物联网的具体应用。农业物联网是物联网技术在农业生产、经营、管理和服务中的应用。它利用各类感知设备（如传感器、RFID、图像采集终端、GPS）广泛采集动植物本体、农业生产过程、畜禽水产养殖情况以及农产品物流等相关信息,并将这些信息通过传输通道(如无线传感器网络、移动通信无线网和互联网传输)集中收集起来存放到一个地方,最后将收集的海量信息进行融合、处理,实现智能经营终端、农业自动生产、优化管理、智能管理、结构化物流、电子贸易,最后实现农业产前、产中、产后的全过程监控、科学决策和实时服务。

**2. 物联网对农业的影响** 物联网技术在农业中的应用,对于加快农业转变增长方式,促进转型升级,以及建设高效生态、特色精品、绿色安全的现代农业具有十分重要的作用和意义。

(1) 推动农业走向信息化、智能化。通过多种无线传感器、无线基站和传输设备的使用,广泛地采集人和自然界的各种属性信息,然后借助有线、无线和互联网络,采用图形、图片、表格、视频等多种形式将数据和信息呈现在人们眼前,实现各级政府管理者、农民、农业科技人员等"人与人"的联结,土、肥、水、气、作物、仓储和物流等"人与物"的联结,以及农业数字化机械、自动温室控制、自然灾害监测预警等"物与物"之间的联结,实现高度的即时感知、信息共享和农业自动化。

(2) 提升农业精细化管理水平,增加农业效益。物联网在农作物种植、畜禽养殖、水产养殖、流通销售等多个农业领域帮助生产者提高精细化管理水平。在农作物种植过程中,育秧育苗阶段,通过对温湿度的精准控制,有效提高秧苗存活率;生长阶段,通过肥水一体化精准喷滴灌,提高农产品品质。在畜禽养殖过程中,通过分析养殖场空气成分进而调整改善生长环境,降低动物发病率和死亡率;通过分析动物体温、体重等状况,实现动物喂食的精准化,降低饲料和兽药成本。在水产养殖过程中,通过物联网技术适当增加水产养殖密度,提升养殖效益。在鲜活农产品流通过程中,通过对温度的精准控制,提高农产品储存时间,防止农产品变质。提高存活率、生长率,降低发病率、死亡率,提升农产品质量和品质,生产者的效益也相应地增加。

(3) 提高生产效率、节省人工。在设施种植过程中,生产者要对各大棚的作物进行浇水、施肥、手工加温、手工卷帘等操作,耗费大量的时间和人力,应用了物联网技术,生产者操作电脑完成对作物生长过程的监测和大棚控制,提高单位时间的生产效率,大大降低用工成本。在畜禽养殖过程中,通过安装电子标签、环境检测器等装置,解决了传统人工观察费时费力、准确率不高的问题。在水产养殖过程中,通过自动增氧、水质监测等技术的应用,实现了养殖管理的智能化,解决了人工值守等问题。

(4) 保障农产品质量和食品安全。在农产品和食品运输领域,通过对电子标签、电子条码、无线传感器网络、通信网络和计算机网络等的集成应用,对农产品从生产现场到仓库、从仓库到餐桌、从生产到销售全过程实行智能监控,实现产地环境、产后储藏加工、物流运输整个供应链实时查询和可视数字化管理,大大提高农产品和食品的质量。

(5) 保护农业生态环境。物联网技术在病虫害防治上的应用,能及时有效地预防和治理各类农业灾害,保持农业生态平衡。通过精确、科学的数字化控制手段进行农业生产和管理,改变过于基于感性经验的农业生产管理方式,有效避免用药、施肥、灌溉等行为的过度化和滥用,从而避免对生态环境的破坏。视频监控技术在农业监管上的应用,能有效防止养殖污水乱排放、秸秆私自焚烧、病死动物随意丢弃等行为,有利于保护生态环境。

(6) 推进乡村振兴。互联网长距离信息传输与接近终端小范围无线传感节点的结合,可解决农村信息落脚点的问题,真正让信息进村入户,把农村远程教育培训、数字图书馆推送到偏远村庄,缩小城乡的数字鸿沟,加快农村科技文化的普及速度,提高农村人口的生活质量,加快推进乡村振兴。

### (三)农业物联网体系架构

前面我们讲过物联网有三大特征:全面感知、可靠传输和智能处理。按照特征分析,典型的物联网架构可以分为三层,分别是感知层、传输层(也叫网络层)和应用层。随着信息技术和应用需求的不断发展,越来越多的新技术被纳入物联网体系中,物联网的架构越来越完善,在三层架构的基础上增加了平台层,延伸出了四层架构体系,分别是感知层、传输层、平台层和应用层。

尽管物联网在智能工业、智能交通、环境保护、公共管理、智能家庭、医疗保健等经济和社会各个领域的应用特点千差万别,但是每个应用的基本架构都包含了物联网的四层架构,各种行业和各种领域的专业应用子网都是基于四层架构构建的。因此农业物联网四层架构也包括感知层、传输层、平台层、应用层(图1-6)。

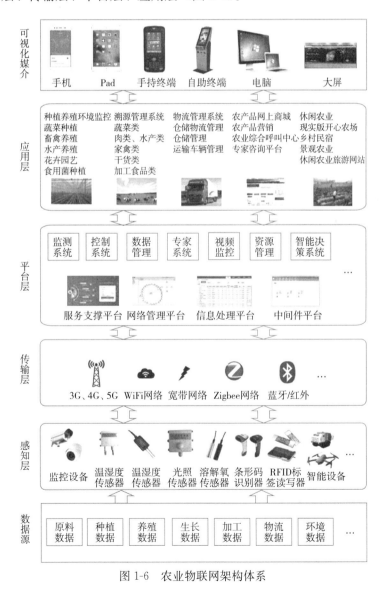

图1-6 农业物联网架构体系

**1. 感知层** 感知层解决的是数据获取问题，通过各种智能传感技术，全方位地获取农业生产各要素的动态信息，为应用层提供数据支撑。感知层主要由各种传感器以及传感器网关构成，传感器主要包括RFID标签和读写器、温湿度传感器、光照传感器、土壤传感器、摄像头、GPS、条形码识读器等传感设备，感应器组成的网络主要有RFID网络和传感器网络。

**2. 传输层** 传输层也称为网络层，解决的是感知层所获得的数据在一定范围的传输问题，主要完成接入和传输功能，是进行信息交换、传递的数据通路。该层的主要任务是将农业信息采集层采集到的农业信息，通过各种网络技术进行汇总，将大范围的农业信息整合到一起，以供处理。传输层是农业物联网的神经中枢及大脑信息传递和处理中心。

**3. 平台层** 平台层也可称为处理层、服务层，解决的是信息处理和人机界面的问题。传输层传输而来的数据在这一层里进入各类信息系统进行处理，并通过各种设备与人进行交互。由业务支撑平台（中间件平台）、网络管理平台（例如M2M管理平台）、信息处理平台、信息安全平台、服务支撑平台等组成，完成汇总、协同、共享、互通、分析、预测、决策等功能。

**4. 应用层** 应用层是农业物联网的"社会分工"与农业行业需求结合，实现广泛智能化。农业物联网的应用主要实现大田种植、设施园艺、畜禽养殖、水产养殖以及农产品流通过程等环节信息的实时获取和数据共享，从而保证产前正确规划以提高资源利用效率，产中精细管理以提高生产效率，产后高效流通、实现安全溯源等多个方面，促进农业的高产、优质、高效、生态、安全。该层是农业物联网体系结构的最高层，是面向终端用户的，可以根据用户需求搭建不同的操作平台。

## 三、实践检验

### （一）网络搜索与分析

1. 农业发展经历了哪几个阶段？我们现在处于哪个阶段？
答：_____

2. 农业物联网的架构体系中，每一层是什么关系？
答：_____

### （二）学习心得
答：_____

## 四、课后任务

农业细分为各个小领域，请查阅资料并填写物联网在农业不同领域的应用情况及相关图片。

## 任务 3　熟悉农业物联网感知层技术

### 一、案例导读

随着技术的进步，手机已经不再是一个简单的通信工具，而是具有综合功能的便携式电子设备。我们可以用手机打电话、影音娱乐、视频通话、玩游戏、导航出行、购物、移动办公等，手机中的很多功能是通过传感器来实现的。我们一起看看手机里都有哪些传感器吧。

（1）光线传感。调节屏幕自动背光的亮度；拍照时自动平衡；配合下面的距离传感器检测手机是否在口袋里防止误触。

（2）重力传感器。如手机横竖屏智能切换、拍照时照片的朝向、重力感应类游戏。

（3）距离传感器。贴耳打电话时，屏幕自动熄灭；翻盖手机关闭或者放入口袋时自动实现解锁与锁屏。

（4）指纹传感器。如手机加密、手机指纹解锁、手机便捷支付。

（5）加速度传感器。如运动计步、手机摆放位置朝向角度。

（6）磁场传感器。如手机指南针、地图导航方向、金属探测器 App。

（7）陀螺仪。手机体感游戏；手机摇一摇（晃动手机实现一些功能），平移/转动/移动手机可在游戏中控制视角；VR（virtual reality）虚拟现实；在 GPS 没有信号时（如隧道中）根据物体运动状态实现惯性导航。

（8）GPS。如地图、导航、测速、测距。

（9）霍尔传感器。如翻盖自动解锁、合盖自动锁屏。

（10）摄像头传感器。如拍照、摄像、二维码扫码。

（11）NFC（near field communication）。如手机移动支付手机钱包、公交卡、门禁卡。

除了上述传感器之外，有些高级智能手机还有心率传感器、血氧传感器、紫外线传感器等用于运动、健康监测的传感器。

### 二、知识提炼

> ◎ 学习目标
>
> - 了解常用农业传感器分类及功能
> - 理解条码的组成和原理，学会制作二维码
> - 掌握 RFID 的结构和工作原理，了解 RFID 的分类
>
> ◎ 重点知识
>
> - 农业传感器分类及功能
> - 条码的分类和原理

> **难点问题**
> 
> - 利用手机制作二维码
> - RFID的结构和工作原理

### (一)农业物联网感知体系

农业信息感知是指采用物理、化学、生物、材料、电子等技术手段获取农业水体、土壤、小气候等环境信息,农业动植物个体生理信息及位置信息,从而揭示动植物生长环境及生理变化趋势,实现农业生产产前、产中、产后整条农业产业链信息的全方位、全过程、多角度、多维度感知,为农业的生产、经营、管理、服务决策等提供可靠的信息及决策。

农业物联网感知技术是农业物联网的核心技术,是农业物联网系统正常运行的前提和保障。在农业物联网感知体系(表1-1)中,农业物联网感知技术领域主要包括土壤信息感知、农业遥感、RFID和条码、动植物生理信息感知、气象信息感知、水质信息感知、农业导航技术、农业视频可视化。

表1-1 农业物联网感知体系

| 主要技术领域 | 关键技术 | 应用领域 |
| --- | --- | --- |
| 土壤信息感知 | 温湿度检测、养分检测、电导率检测、水分检测 | 大田种植、温室大棚、精准灌溉、施肥 |
| 农业遥感及导航 | 遥感技术、地理信息系统、GPS | 农业机械导航、农业病虫害监测 |
| RFID | RFID技术 | 个体识别、产品追溯 |
| 条码 | 一维码、二维码、三维码 | 个体识别、产品追溯 |
| 动植物生理信息感知 | 动物生理信息、植物生理信息 | 畜禽棚舍环境调控、精准饲料喂养、大田种植、温室大棚、精准灌溉、施肥 |
| 气象信息感知 | 室外通用气象信息检测、种植养殖专业气象信息监测 | |
| 水质信息感知 | 溶解氧检测、氨氮检测、pH检测、电导率检测、浊度检测 | 养殖水体智能调控 |
| 农业视频可视化 | 拍照、录像、图像识别技术 | 蔬菜生长情况、农产品质量视检、病虫监测 |

### (二)农业传感器

农业传感器是农业物联网的关键设备,是农业物联网中感知信息的重要来源。传感器是指能够感受被测量,并可按照一定的规律转换成可用信号输入(一般为电信号)的期间装置,它是获取信息的重要工具(图1-7)。

图1-7 传感器原理

农业用传感器品种有很多，本书介绍几种常用的传感器。

**1. 温湿度传感器** 温湿度传感器是目前智慧农业中应用范围最广的一类传感器（图1-8），广泛用于温室大棚、土壤、露天环境、粮食及蔬菜水果储藏等过程中的温湿度监测。

（1）空气温湿度传感器。空气温湿度传感器主要用于监测农业环境中空气的温度和湿度。一般情况下安装在温室、大棚中时，安装位置选择在空气流通较好的遮阳处，安装在室外时，可安装在百叶盒内随农业气象站一起进行户外气象监测。

（2）土壤温湿度传感器。土壤温湿度传感器一般安装在作物根部旁边的土壤中，传感器埋土深度由作物的不同根系深度决定。每个大棚或者温室长度可以安装2~4个，用以监测作物生长发育过程中的土壤温度、水分含量及变动情况，便于及时和适量浇灌。

壁挂空气　　　百叶盒空气　　　土壤
温湿度传感器　温湿度传感器　温湿度传感器

图1-8 温湿度传感器

**2. 光照度传感器** 光照度是指物体被照明表面上单位面积得到的光通量。农业中光照度传感器（图1-9）普遍采用对弱光也具有较高灵敏度的硅兰光伏探测器，具有便于安装、防水性能好、测量范围宽、传输距离远等特点，尤其适用于农业温室大棚，用来检测作物生长所需的光照度是否达到作物的最佳生长状况，以决定是否需要补光或遮阳。

壁挂光　　　　壁挂显示屏　　　百叶光
照度传感器　　光照度传感器　　照度传感器

图1-9 光照度传感器

**3. pH传感器** 植株生长及水产养殖都有不同的pH要求，氮磷钾肥料及水产饲料的释放也对pH有不同的影响。pH传感器（图1-10）可以检测被测物中的pH，广泛适用于农业灌溉、花卉园艺、草地牧场、植物培养、水产养殖等领域。

**4. 气体传感器** 气体传感器是一种将某种气体体积分数转化成对应电信号的转换装置。气体传感器可以检测到很多种气体，如一氧化碳（CO）、二氧化碳（$CO_2$）、氨气（$NH_3$）、硫化氢（$H_2S$）、氯气（$Cl_2$）、氯化氢（HCl）、氧气（$O_2$）等都是比较常见的。在农业中应用较多是二氧化碳传感器和氨气传感器，本书重点介绍这两种气体传感器

图1-10 pH传感器

(图1-11)。

(1) 二氧化碳传感器。合理的二氧化碳浓度,有利于农作物进行光合作用,二氧化碳不足或者过量都会对植物生长造成影响。二氧化碳传感器通过检测温室、大棚及畜禽舍中的二氧化碳含量,来决定是否需要增施化肥或者通风换气。

(2) 氨气传感器。氨气是养殖场内的有害气体之一,长时间存在于养殖棚里,如果不及时排出就会对家禽本身产生一定的危害,可见氨气的浓度检测对于农业养殖行业来说是必不可少的。氨气传感器用于检测畜禽舍环境中的氨气含量,以决定是否需要清除粪便和通风换气。

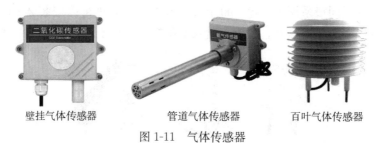

壁挂气体传感器　　管道气体传感器　　百叶气体传感器

图1-11　气体传感器

**5. 营养元素传感器**　营养元素传感器用于检测作物生长环境中N(氮)、P(磷)、K(钾)的含量,以确定是否需要施肥。通常用于检测在无土栽培环境中配制的营养液中营养元素的含量,或根据流回的营养液中元素的吸收率确定营养元素的比例。

**6. 植物生理信息传感器**　利用植物生理参数信息,可以更加精准地判断和评价植物的长势和各项经济指标,为后期的灌溉、施肥提供准确的指导。对应的传感器主要有植物茎流传感器(图1-12)、植物茎秆强度传感器(也叫抗倒伏测定仪)、植物叶片厚度传感器、叶绿素含量传感器等。

图1-12　植物茎流传感器

**7. 动物生理信息传感器**　动物生理信息传感器是将动物的体温、心电、血压等生理信息信号转换为相应大小的电信号的装置。通过对动物生理信息的监测,可以更好地把握动物的生理状况,以便更好地指导动物养殖和管理,确保动物健康安全。

(三) 条码技术

条码(bar code)是由一组按一定编码规则排列的条、空符号,用以表示一定的字符、数字及符号组成的信息。条码在农业管理系统中主要应用在农产品从产地、产品生长环境(即生产中的选种、施肥、用药等)、检测以及销售等环节的追溯。

**1. 一维条码**　一维条码(图1-13)即传统条形码,它的条和空及对应的字符按照一定的规则排列,并且只在一个方向表达信息,数据容量约为30个字符,只能包含数字和字母,图所示为常见的一维条码。

**2. 二维条码**　二维条码又称为二维码(图1-14),是一种比一维条码更高级的条码格式,二维码在水平和垂直方向都可以存储信息,除了数字和字母外,二维码还能存储汉字、图片类型的信息。它是一维码的堆叠,呈现黑白相间的几何图形。

**3. 彩色三维码**　彩色三维码的全称是彩色图像三维矩阵,又称色码、三维码、三维彩色码、彩链（图 1-15）。

  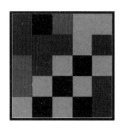

图 1-13　一维条码　　　　　图 1-14　二维条码　　　　图 1-15　彩色三维条码

它是一项基于摄像头和无线网络的图像识别和无线寻址创新技术，是建立在传统黑白二维码基础之上发展而来的一种全新图像信息矩阵产品，由 R、G、B、K 4 色矩阵而构成的独特彩色图像三维矩阵产品。它本身不是信息携带型码，它提供的是后台内容的快速指向和数据双向管理。彩色三维码应用范围极其广泛，在农业领域可应用在农产品防伪、溯源信息服务、电子标识等。

**4. 条码识别设备**　进行辨识的时候，是用条码扫描枪扫描，得到一组强弱不同的反射光信号，此信号经光电转换后变为一组与线条、空白相对应的电信号，经解码后转换为相应的数字、字符信息，再传入计算机。条码识别设备（图 1-16）的类型有很多种，包括光笔扫描器、手持式扫描器、台式扫描器、激光扫描器、便携式扫描器等，还有大家经常使用的手机，也是一种条码识别设备。

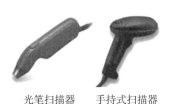   

光笔扫描器　　手持式扫描器　　台式扫描器　　激光扫描器　　便携式扫描器　　手机

图 1-16　各种条码识别设备

### （四）射频识别技术

射频识别技术又称无线射频识别，是一种通信技术，可通过无线电信号识别特定目标并读写相关数据，无须识别系统与特定目标之间建立机械或光学接触，是一种非接触式的自动识别技术。RFID 具有能一次性读取多个标签、识别距离远、传送数据速度快、可靠性和寿命高、耐受户外恶劣环境等优点，市场应用场景相当广阔，在农业中主要用于农畜产品安全生产监控、动物识别与跟踪、农畜精细生产系统、农产品流通等方面。

**1. RFID 概念**　从概念上来讲，RFID 类似于条码扫描，对于条码技术而言，它是将已编码的条形码附着于目标物并使用专用的扫描读写器利用光信号将信息由条形磁传送到扫描读写器。而 RFID 则使用专用的 RFID 读写器及专门的可附着于目标物的 RFID 标签，利用频率信号将信息由 RFID 标签传送至 RFID 读写器。RFID 对应的实物通常称为感应式电子晶片或近接卡、感应卡、非接触卡、电子标签、电子条码等。

**2. RFID 构成及工作原理**　从结构上来讲，RFID 主要由电子标签（tag）、阅读器（reader）、发射接收天线（antenna）三部分组成（图 1-17）。

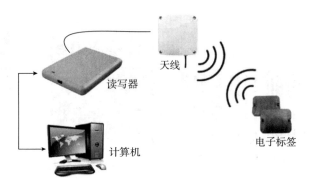

图 1-17　RFID 构成

（1）当 RFID 电子标签进入发射天线工作区域时产生感应电流，RFID 电子标签获得能量被激活；RFID 电子标签将自身编码等信息通过卡内置发送天线发送出去。

（2）系统接收天线接收到从 RFID 电子标签发送来的载波信号，经天线调节器传送到阅读器，阅读器对接收的信号进行解调和解码，然后送到后台主系统进行相关处理。

（3）主系统根据逻辑运算判断该 RFID 电子标签的合法性，针对不同的设定做出相应的处理和控制，发出指令信号控制执行机构动作。

**3. RFID 标签分类**　RFID 标签有很多种分类形式（表 1-2），分类依据主要有按有无电池电源、发送信息时机、数据读写类型、信号频率波段、封装类型样式等。

表 1-2　RFID 分类

| 分类依据 | 类型名称 | 分类依据 | 类型名称 |
| --- | --- | --- | --- |
| 有无电池电源 | 有源 RFID 标签 | 信号频率波段 | 低频 RFID 标签 |
| | 无源 RFID 标签 | | 中高频 RFID 标签 |
| 发送信号时机 | 主动式 RFID 标签 | 封装类型样式 | 超高频与微波段 RFID 标签 |
| | 被动式 RFID 标签 | | 贴纸式 RFID 标签 |
| | 半主动式 RFID 标签 | | 塑料 RFID 标签 |
| 数据读写类型 | 只读式 RFID 标签 | | 玻璃 RFID 标签 |
| | 读写式 RFID 标签 | | 抗金属 RFID 标签 |

### （五）遥感技术

遥感技术是 20 世纪 60 年代蓬勃发展起来的一门新兴的、综合性的探测技术，随着空间技术、信息技术、电子计算机技术和环境科学的发展，从而逐步形成发展的一门新兴交叉学科技术，遥感技术体系中主要包括遥感（remote sensing，RS）技术、地理信息系统（geography information system，GIS）技术以及全球定位系统（GPS）技术。农业遥感是随遥感技术的发展而发展的，在农业领域最早应用的主要是航空照片。当前应用较多的领域是农作物估产、作物生长状态监测、土地调查、农作物生态环境监测与自然灾害及病虫害监测等方面。

**1. 遥感技术**　遥感技术是从远距离感知目标反射或自身辐射的电磁波、可见光、红外线，对目标进行探测和识别的技术。例如航空摄影就是一种遥感技术。人造地球卫星发射成功，大大推动了遥感技术的发展。现代遥感技术主要包括信息的获取、传输、存储和处理等环节。完成上述功能的全套系统称为遥感系统，其核心组成部分是获取信息的遥感器。

遥感器的种类很多，主要有照相机、电视摄像机、多光谱扫描仪、成像光谱仪、微波辐射计、合成孔径雷达等。传输设备用于将遥感信息从远距离平台（如卫星）传回地面站。信息处理设备包括彩色合成仪、图像判读仪和数字图像处理机等。

**2. 地理信息系统技术**　地理信息系统技术是以地理空间为基础，采用地理模型分析方法，实时提供多种空间和动态的地理信息，是一种为地理研究和地理决策服务的计算机技术系统。它是以采集、存储、管理、分析和描述整个或部分地球表面包括大气层在内与空间和地理分布有关的数据的空间信息系统。

地理信息系统技术很早就被应用于农业领域，从国土资源决策管理、农业资源信息、区域农业规划、粮食流通管理与生产辅助决策到农业生产潜力研究、农作物估产研究、区域农业可持续发展研究、农用土地适宜性评价、基于GPS和GIS的精细农业信息处理系统研究等，都取得了很大的成绩，一些研究成果直接应用于农业生产，取得了很大的经济效益。随着GIS理论的产生发展以及方法和技术的成熟，在农业领域的应用也逐步深入。

**3. 全球定位系统技术**　全球定位系统技术是由空间星座、地面控制和用户设备三部分构成的。GPS测量技术能够快速、高效、准确地提供点、线、面要素的精确三维坐标以及其他相关信息，具有全天候、高精度、自动化、高效益等显著特点。现在GPS与现代通信技术相结合，使得测定地球表面三维坐标的方法从静态发展到动态，从数据后处理发展到实时的定位与导航，极大地扩展了它的应用广度和深度。载波相位差分法GPS技术可以极大提高相对定位精度，在小范围可以达到厘米级精度。

## 三、实践检验

### （一）实践操作

利用手机制作二维码，生成带有自己学号和姓名的二维码，并保存到手机。步骤如下：

**1. 打开草料二维码小程序**　选择下面一种方法打开小程序即可：

方法一：在微信中搜索"草料二维码"即可进入小程序。

方法二：打开微信扫一扫页面上方"草料二维码"二维码（图1-18）进入程序。

方法三：在微信"发现"→"小程序"中搜索"草料二维码"进入小程序。

**2. 选择生码制作二维码**　在页面最下方，选择"生码"按钮（图1-19）。

图1-18　小程序二维码

单击"生码"按钮后，则进入制作二维码界面，在图中画框的位置处输入文字"学号＋姓名＋带你认识物联网"（图1-20）。

**3. 生成二维码**　单击"生成二维码"按钮即可生成二维码，单击"保存到相册"按钮可以将二维码图片保存到手机相册。

**4. 扫描二维码识别**　让身边的人用手机扫描该二维码或者自己用微信识别该二维码，

图 1-19　草料二维码生码页

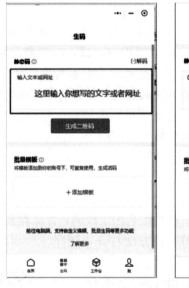

图 1-20　输入二维码文字

查看识别出来的效果。

### (二) 学习体会

答：_____

_____

## 四、课后任务

1. 很多智能手机中都有 NFC (near field communication) 功能，请查阅 NFC 的相关资料，并利用手机中的 NFC 功能，查看公交卡里的余额。

2. 寻找家里 5~6 个有一维码或者二维码的物品，并用手机软件进行扫描识别，记录扫描数据，并填写表1-3中。

表1-3 条码记录

| 条形码照片 | 手机扫描条形码的扫码结果截图 |
|---|---|
|  |  |

## 任务4 熟悉农业物联网传输层技术

### 一、案例导读

基站（信号塔）辐射究竟有多大？生活中很多人谈基站色变，认为基站辐射很严重，会严重威胁人体健康，一看到小区附近有基站就担心害怕得不得了，希望拆掉它，那说明你对基站和辐射不了解。

自然界中的一切物体，只要温度在0K（热力学温度）以上，都以电磁波和粒子的形式时刻不停地向外传送热量，这种传送能量的方式称为辐射。辐射分为电离辐射和电磁辐射（也称为非电离辐射）两种，它们的本质都是电磁波，区别在于频率和波长不同。电磁辐射其实很常见，比如无线电波、微波、红外灯都属于电磁辐射。电离辐射主要的种类有α射线、β射线、X射线、γ射线和中子辐射等。

基站是与用户之间进行通信的低功率天线。基站辐射属于电磁辐射。而且目前我国现行的电磁辐射标准（表1-4）为小于等于40微瓦/厘米$^2$，美国标准为小于等于600微瓦/厘米$^2$，移动的通信基站建设所执行的标准仅是国标的1/5，即8微瓦/厘米$^2$。

表1-4 功率密度标准

| 国家 | 标准 | 国家 | 标准 |
|---|---|---|---|
| 中国 | ≤40微瓦/厘米$^2$ | 日本 | ≤600微瓦/厘米$^2$ |
| 美国 | ≤600微瓦/厘米$^2$ | 欧盟 | ≤450微瓦/厘米$^2$ |

以下是对于基站辐射的几个常识。

（1）离基站越远，手机辐射越大。基站和手机就好比两个人说话，辐射好比音量，距离越远，越要大声叫喊；距离越近，越能小声说话。因此，手机距离基站越远，收到的基站信号越弱，手机就需要发射更强的电磁波与基站保持连通，手机的辐射就越大。

（2）基站不会影响附近住户的身体健康。电磁波在大气中传播的过程衰减很大，穿透墙体更会急剧衰减（特别快），而移动基站建设都符合国家的安全标准，不会影响住户的健康。

（3）基站辐射远小于手机辐射。通信基站辐射是一种非电离辐射，不会破坏分子结构，这种辐射和家用电脑、冰箱、电视机等产生的辐射一样，没有证据显示基站辐射会对人体健康产生不利影响，它甚至比家用电器的辐射还小。

## 二、知识提炼

> **学习目标**
> - 理解物联网传输层的作用
> - 了解常用物联网通信技术的分类
> - 熟悉有线和无线通信技术的特点和应用场景
>
> **重点知识**
> - 物联网传输层的作用
> - 物联网通信技术的分类
>
> **难点问题**
> - 有线通信技术的特点和应用场景
> - 无线通信技术的特点和应用场景

### （一）物联网传输层概述

广泛覆盖的移动通信网络是实现物联网的基础设施，是物联网的中间层，标准化程度最高，产业化能力最强、最成熟，由各种私有网络、互联网、有线通信网、无线通信网、网络管理系统等组成，相当于人的神经中枢和大脑，负责传递和处理感知层获取的信息。

农业物联网传输技术主要是将农业数据信息从发送端传递到接收端，并完成接收的技术。根据信号传输介质的不同，整理出物联网通信技术图谱（图1-21），主要有有线通信技术和无线通信技术。有线技术与无线技术根据场景及技术特点又细分出许多不同的标准。

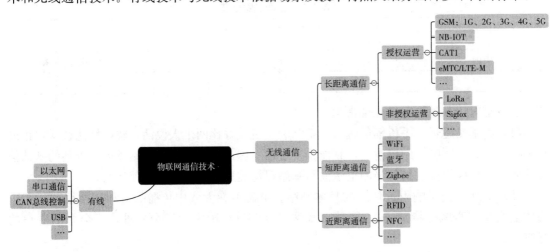

图1-21 通信技术分类

**1. 有线通信和无线通信** 通信连接方式可以分成有线连接和无线连接，相应的通信技术就分为有线通信技术和无线通信技术。

(1)有线通信，是指利用金属导线、光纤等有形媒质传送信息的技术。有线通信已经非常普及，在建筑物室内的墙壁上找找，很容易找到电话口、网口和有线电视口。

(2)无线通信，是利用电磁波信号在空间直接传播而进行信息交换的通信技术，进行通信的两端之间不需要有形的媒介连接。常见的无线通信方式有蜂窝（手机）无线连接、WiFi 连接，还有一些"神秘"的连接方式，如可见光通信和量子通信方式等。一般来讲，有线连接可靠性高，稳定性高，缺点是连接受限于传输媒介。无线连接自由灵活，终端可以移动没有空间限制，但是可靠性受传输空间的其他电磁波以及对电磁波有影响的其他障碍物的影响很大，因此可靠性较低。

**2. 短距离通信和长距离通信**　有很多的场合人和物只需要跟附近的通信终端通信，例如在家里、办公室、工厂等。但是也存在长距离的应用场景，例如两个城市之间的网络要连起来，在高速上行驶的车辆或乘客，甚至是海洋上的渔船。通常把通信距离在 20 米以内的通信称为近距离通信，100 米以内的通信称为短距离通信，而通信距离超过 1 000 米的称为长距离通信。

(二) 有线通信技术

**1. 以太网**　以太网（ethernet）是目前最常用的局域网组网方式（主要标准是 IEEE 802.3），通过交换机和路由器等构成一个网络，利用双绞线（或者光纤）将这些网络设备与主机连接起来。在没有中继的情况下，最远可以覆盖 200 米的范围。

**2. 串口通信技术**　串口（serial port）是一种通用的用于设备或者仪表之间通信的接口，一般使用 25 针或 9 针连接器，常见的串口有 RS-232 和 RS-485。

**3. 通用串行总线**　通用串行总线即 USB（universal serial bus），是一个外部总线标准，支持设备的即插即用和热插拔功能，具有传输速度快、使用方便、连接灵活、独立供电等优点。USB 用一个 4 针（USB3.0 标准为 9 针）插头作为标准插头，采用菊花链形式可以把所有的外设连接起来，最多可以连接 127 个外部设备，并且不会损失带宽。

(三) 无线通信技术

**1. 蓝牙技术**　蓝牙（BlueTooth）实际上是一种短距离无线通信技术，是由蓝牙特别兴趣小组（special interest group，SIG）于 1998 年 5 月联合宣布的一种开放性无线通信规范，目前蓝牙的相关规范仍然由 SIG 管理。蓝牙技术目前普遍应用在智能手机和智慧穿戴设备的连接以及智慧家庭、车用物联网、农业物联网等领域。

(1) 蓝牙系统组成。"蓝牙"系统一般由 4 个功能单元组成：天线单元、链路控制（硬件）单元、链路管理（软件）单元、蓝牙软件（协议）单元。

(2) 蓝牙版本。自 1998 年来，蓝牙协议已经进行了多次更新，迄今有 16 个版本，从音频传输、图文传输、视频传输，再到以低功耗为主打的物联网数据传输。一方面维持着蓝牙设备向下兼容性，另一方面蓝牙也正应用于越来越多的物联网设备。最新版本为 2019 年发表的蓝牙 5.2 版，蓝牙从 4.0 版本开始便是低功耗的蓝牙版本，目前多数产品是采用蓝牙 5.0/4.2/4.0 技术。2016 年的 5.0 版本开启了物联网时代的大门。在低功耗模式下具备更快更远的传输能力，传输速率是蓝牙 4.2 的 2 倍（速度上限为 2 兆位/秒），有效传输距离是蓝牙 4.2 的 4 倍（理论上可达 300 米），数据包容量是蓝牙 4.2 的 8 倍。支持室内定位导航功能，结合 WiFi 可以实现精度小于 1 米的室内定位。

(3) 蓝牙组网方式。蓝牙组网是随着蓝牙技术的发展出现的，传统的蓝牙连接是通过一台设备到另一台设备的配对实现的,建立"一对一"或"一对多"的微型网络关系,按照拓扑结构,蓝牙系统的网络结构可以分为两种形式:微微网和散射网。随着低功耗蓝牙的发展,蓝牙网状网(mesh)组网技术于2014年问世,基于私有协议,蓝牙Mesh能够支持设备间多点对多点传输,实现"多对多(many to many)"网络关系,构成了网状网络结构。Mesh网络中每个设备节点都能发送和接收信息,只要有一个设备连上网关,信息就能够在节点之间被中继,从而让消息传输至比无线电波正常传输距离更远的位置。

**2. ZigBee技术** ZigBee是基于IEEE802.15.4标准的低功耗个域网协议。根据这个协议规定的技术是一种短距离、低功耗的无线通信技术。这一名称来源于蜜蜂的八字舞,由于蜜蜂(bee)是靠飞翔和"嗡嗡"(zig)地抖动翅膀的"舞蹈"来与同伴传递花粉所在方位信息,也就是说蜜蜂依靠这样的方式构成了群体中的通信网络。

ZigBee技术是一种近距离、低复杂度、低功耗、低速率、低成本的双向无线通信技术,主要用于距离短、功耗低且传输速率不高的各种电子设备之间进行数据传输,以及典型的有周期性数据、间歇性数据和低反应时间数据传输的应用。

(1) ZigBee体系结构。ZigBee的体系结构主要由物理层、媒体接入控制层、网络层以及应用层构成(图1-22)。

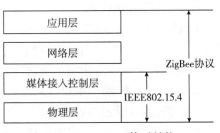

物理层主要负责在发送端和接收端建立物理链路,同时使用信号调制和数据编码技术保证在有信道噪声及信号干扰的情况下的通信质量。

图1-22 ZigBee体系结构

媒体接入控制层实现节点间无线链路的建立、维护与断开,确认模式的帧传送与接收。

网络层实现网络中节点的加入或离开、接收或抛弃,以及路由查找、数据传送等功能。

应用框架层为ZigBee技术的实际应用提供应用框架模型,不同应用场合、不同厂商提供的应用框架也有所不同。

(2) ZigBee组网方式。根据应用需求,ZigBee技术网络有两种网络拓扑结构:星形拓扑结构和对等拓扑结构,其中对等拓扑结构又包括簇状拓扑结构和网状拓扑结构(图1-23)。

图1-23 ZigBee组网拓扑

星形拓扑是最简单的一种拓扑形式,包含一个协调者(Co-ordinator)节点和一系列的终端(end device)节点。每一个终端节点只能和协调者节点进行通信。

树形拓扑包括一个协调者以及一系列的路由器(router)和终端节点。每一个节点都只能在它的父节点和子节点之间通信。这种拓扑方式的缺点就是信息只有唯一的路由通道。

Mesh 拓扑包括一个协调者以及一系列的路由器（router）和终端节点。网状网络拓扑具有更加灵活的信息路由规则，在可能的情况下，路由节点之间可以直接通信。

**3. WiFi**　WiFi 俗称热点，是一种无线局域网通信技术，可以看作有线局域网的短距离无线延伸。几乎所有智能手机、平板电脑和笔记本电脑都支持 WiFi 上网，是当今使用最广的一种无线网络传输技术。WiFi 信号也是由有线网提供的，比如家里的 ADSL、小区宽带等，只要接一个无线路由器，就可以把有线信号转换成 WiFi 信号。

（1）WiFi 技术组成。WiFi 由无线接入点（access point，AP）、站点（station）等组成。AP 一般称为网络桥接器或接入点，它是当作传统的有线局域网络与无线局域网络之间的桥梁，因此任一台装有无线网卡的设备均可通过 AP 去分享有线局域网络甚至广域网络的资源。

（2）WiFi 组网。WiFi 本身就是互联网的延伸，不存在蓝牙或 ZigBee 技术那样连接互联网的问题，困扰 WiFi 发展的问题在于覆盖范围。通过单纯建设 WiFi 热点将 WiFi 服务变成无所不在的服务，成本将会非常高。无线网状网络 WMN（wireless mesh network）技术可以将无线设备作为路由器使用，对数据进行不断转发直到将数据送到终端。

**4. 蜂窝移动通信**　蜂窝移动网络服务，通俗的理解就是手机服务，包括通话、流量等服务。蜂窝网络或移动网络（cellular network）是一种移动通信硬件架构，把移动电话的服务区分为一个个正六边形的小子区，每个小区设一个基站，形成了形状酷似"蜂窝"的结构，因而把这种移动通信方式称为蜂窝移动通信方式（图 1-24）。蜂窝网络又可分为模拟蜂窝网络和数字蜂窝网络，主要区别是传输信息的方式。

（1）蜂窝移动通信组成。蜂窝网络组成主要有三部分：移动站、基站道子系统、网络子系统（图 1-25）。

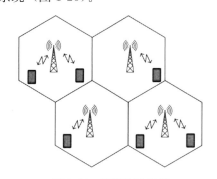

图 1-24　蜂窝移动通信

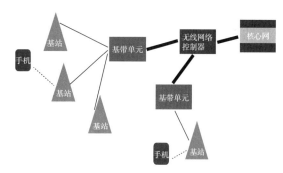

图 1-25　蜂窝移动通信组成

移动站就是网络终端设备，比如手机或者一些蜂窝工控设备。基站子系统包括移动基站（大铁塔）、无线收发设备、专用网络（一般是光纤）、无线数字设备等。基站子系统可以看作无线网络与有线网络之间的转换器。

（2）蜂窝移动通信发展。从 20 世纪 80 年代发展至今，蜂窝移动网络技术经历了五代变迁，从 1G（first-generation）到 5G（5th-generation），每一代移动通信技术的发展都带来了时代的变迁，我们的生活也因此变得便捷丰富。其实 G 就是英文 Generation 的缩写，翻译过来就是"代"的意思。比如 5G，就是指第五代移动通信技术。

第一代移动通信技术（1G）是指最初的模拟、仅限语音的蜂窝电话标准。1978 年底美国贝尔实验室成功研制出模拟移动电话，并于 1983 年首次在芝加哥投入商用。1G 的应用只能在一般语音传输上，且语音品质低，信号不稳定，涵盖范围也不够全面。

第二代手机通信技术（2G），以数字语音传输技术为核心。2G 技术标准主要有两种，基于时分多址 TDMA（time division multiple access）技术的 GSM（global system for mobile communication）标准以及基于码分多址 CDMA（code division multiple access）技术的 IS-95 标准。

第三代移动通信技术（3G），使用较高的频带和 CDMA 技术传输数据进行相关技术支持，工作频段高，主要特征是速度快、效率高、信号稳定、成本低廉和安全性能好等，和前两代的通信技术相比最明显的特征是 3G 网络技术全面支持更加多样化的多媒体技术。在室内外以及行车的环境下，可以分别提供最小为 2 兆位/秒、384 千位/秒以及 144 千位/秒的数据传输速度。3G 三大标准为 CDMA2000、WCDMA、TD-SCDMA。

第四代移动信息技术（4G），是在 3G 技术基础上的一次更好的改良，将 WLAN（wireless local area networks）技术和 3G 通信技术进行了结合，使信息传输速度更快，在移动通信设备中应用 4G 通信技术让用户的上网速度更加迅速，速度可高达 100 兆位/秒。4G 国际技术标准只有两个：LTE-Advanced（LTE-A）和 WirelessMAN-Advanced（802.16 米）。

第五代移动通信技术（5G）是继 4G、3G 和 2G 系统之后的延伸，性能目标是高数据速率、减少延迟、节省能源、降低成本、提高系统容量和大规模设备连接，速度高达 1 吉位/秒，延迟低至 1 毫秒。

5G 技术相比前代的 4G，不仅仅是网速的提升，带宽容量大和延迟低等优势使得 5G 技术有了更为广泛的应用。国际电联将 5G 应用场景划分为移动互联网和物联网两大类，除了支持移动互联网的发展，还解决了机器海量无线通信需求，极大地促进了车联网、工业互联网、农业物联网等领域的发展。

**5. 低功耗广域通信**　低功耗广域网络 LPWAN（low power wide area network），专为低带宽、低功耗、远距离、大量连接的物联网应用而设计。正如短距离无线网络包含 WiFi、蓝牙、ZigBee 等多种技术。LPWAN 也包含多种技术，如 LoRa（Long Range）、Sigfox、eMTC（enhanced Machine-Type CommunicaTIon）和 NB-IoT（Narrow Band Internet of Things）等，每种技术都有各自的特点（表 1-5），其中 NB-IoT、LoRa 近年来备受市场的关注和追捧。由于是"广域"网络，因此必然会涉及网络运营。所以 LPWN 网络一般是由电信运营商或专门的物联网运营商部署，由于 LPWA 网络连接的基本都是"物"，因此通常也称为"物联网专用网络"。

表 1-5　低功耗广域通信技术

| | LoRa | NB-IoT | SigFox | eMTC | eLTE-IoT |
|---|---|---|---|---|---|
| 频段 | SubG 免授权频段 | SubG 授权频段 | SubG 授权频段 | SubG 授权频段 | SubG 免授权频段 |
| 传输速率/(千位/秒) | 0.3~50 | <100 | 100 | <1 000 | <100 |
| 典型距离/千米 | 1~20 | 1~20 | 1~50 | 2 | 3~5 |

LPWA 有远距离通信、低速率数据传输、功耗低等特点，如果针对远距离传输、通信数据量很少、需要电池供电长久运行的物联网设备可以使用这个协议。大部分物联网应用通常只需要传输很少量的数据，如企业车间中的传感器，只有当设备异常时才会产生数据，而

这些设备一般耗电量很小，通过电池供电就可工作很久。

## 三、实践检验

### （一）实践操作

用手机查看基站信号的强度。

**1. 安卓手机操作方法**　进入拨号界面，输入"＊＃＊＃4636＃＊＃＊"即可快速进入工程测试模式。在菜单中选择"手机信息"，在"信号强度"文字后显示的数值即为基站信号强度（图1-26）。

图1-26　安卓查询基站信号强度

**2. 苹果手机操作方法**　在主界面点进电话快捷键，进入拨号界面，输入"＊3001＃12345＃＊"，然后按呼叫按钮，会跳出一个页面，同时手机屏幕左上角原本显示的信号格数的地方，会直接显示测得的基站信号强度（dBm）。

### （二）学习心得

答：_____
_____
_____

## 四、课后任务

拿出自己的手机，查看手机是否支持红外线、蓝牙、WiFi热点、NFC等通信功能，如果支持，将通信功能打开的状态拍照或者截图，放一个文档中。

# 任务5　熟悉农业物联网（云）平台层技术

## 一、案例导读

天猫"双11"购物节落下帷幕后将数百家媒体聚到一起，对着一块巨大的屏幕观看成交额数字的飙升，一个又一个纪录的产生，已经成为阿里每年"双11"的传统节目。

2020年11月11日零点零分26秒，2020年天猫"双11"达到了订单创建峰值：一秒钟有58.3万笔订单。11月1日至11日0点30分，2020年天猫"双11"购物节全球狂欢季实时突破3 723亿元。

据天猫数据显示，2020年11月11日1时，中国各城市购买金额榜单（不含港澳台）前10位依次是上海、北京、杭州、深圳、广州、成都、重庆、苏州、南京、武汉。其中，北京是"双11"人均消费最高的省份/城市。

从区域划分来看，北京购买力最强的城区为朝阳、海淀、丰台、昌平和大兴；购买力最强乡镇为梨园镇、永顺镇、长阳镇。而从下单金额来看，北京的黑马城区为密云。

如此庞大的数据量，在这么短的时间内汇总显示出来，它是如何实现的？它主要是依靠阿里巴巴集团下的阿里云实现的，通过云平台实现数据获取、存储、计算、分析等。

## 二、知识提炼

> **学习目标**
> - 了解云计算及云平台的概念
> - 掌握物联网云平台的架构和作用
> - 了解农业物联网（云）平台应用场景
>
> **重点知识**
> - 云计算及云平台的概念
> - 农业物联网（云）平台应用场景
>
> **难点问题**
> - 物联网云平台的架构和作用
> - 云计算和云平台的概念

### （一）物联网平台层概述

平台层在整个物联网体系架构中起着承上启下的关键作用，它向下连接感知层（通过传输层）的底层终端设备的"管、控、营"一体化，向上连接应用层，为应用服务提供商提供应用开发能力和统一接口，并为各行各业提供通用的服务能力，如数据路由、数据处理与挖掘、仿真与优化、业务流程和应用整合、通信管理、应用开发、设备维护服务等。构建了设备和业务的端到端通道，同时，还提供了业务融合以及数据价值孵化的土壤，为提升物联网产业整体价值奠定了基础。

### （二）云计算

在介绍物联网平台前，先介绍一下云平台的相关知识。

云计算（cloud computing）是基于互联网的相关服务的增加、使用和交付模式，通常涉及通过互联网来提供动态易扩展且经常是虚拟化的资源。云计算是分布式计算的一种，它通过网络"云"将巨大的数据计算处理程序分解成无数个小程序，然后，通过多部服务器组成的系统进行处理和分析这些小程序得到结果并返回给用户。

与传统的网络应用模式相比，云计算有超大规模、虚拟化、高可靠性、高灵活性、动态可扩展、按需部署、高性价比等特点。

**1. 云计算服务模式** 云计算可以提供三个层次的服务：软件即服务、平台即服务、基础设施即服务（图1-27）。

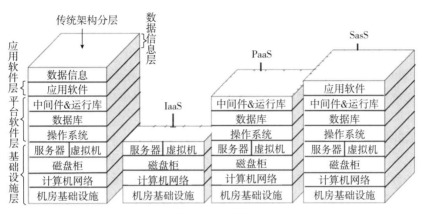

图1-27 云服务

（1）基础设施即服务（Infrastructure-as-a-Service，IaaS），提供给用户的服务是对所有计算基础设施的利用，包括处理CPU、内存、存储、网络和其他基本的计算资源，用户能够部署和运行任意软件，包括操作系统和应用程序。在使用模式上，IaaS与传统的主机托管有相似之处，但是在服务的灵活性、扩展性和成本等方面IaaS具有很强的优势。

（2）平台即服务（Platform-as-a-Service，PaaS），是指将一个完整的软件研发和部署平台，包括应用设计、应用开发、应用测试和应用托管，都作为一种服务提供给用户。一般来说，在用户使用的时候，云端已经搭建好了操作系统、数据库、中间件、运行库等。用户只需要在这个搭建好的平台上下载、安装并使用自己需要的软件就可以了。

（3）软件即服务（Software-as-a-Service，SaaS），提供给用户完整的软件解决方案，用户可以从软件服务商处以租用或购买等方式获取软件应用，购买后即可通过Internet连接到该应用（通常使用浏览器）。

它们之间的关系主要可以从两个角度分析：一是用户角度，它们之间的关系是独立的，因为它们面对不同类型的用户。二是技术角度，也并不是简单的继承关系，SaaS基于PaaS，而PaaS基于IaaS，PaaS是构建在IaaS上的，在基础架构之外还提供了业务软件的运行环境；SaaS与PaaS的区别在于，使用SaaS的不是软件的开发人员，而是软件的最终用户。

**2. 云计算部署方式** 按照部署方式，云计算可以分为私有云（private cloud）、社区云（community cloud）、公共云/公有云（public cloud）与混合云（hybrid cloud）4种模式。

（1）私有云。云端资源只给一个单位组织内的用户使用，这是私有云的核心特征。而云端的所有权、日程管理和操作的主体到底属于谁并没有严格的规定，可以是本单位、第三方机构，或者二者的联合。云端可以部署在本单位内部，也可以部署在其他地方。

（2）社区云。云端资源专门给固定的几个单位组织内的用户使用，而这些单位对云端具有相同的要求（如任务、安全需求、策略、规约考虑等）。云端的所有权、日常管理的操作的主体可以是本社区内的一个或多个单位、社区外的第三方机构或者二者的联合。云端可以部署在本地,也可以部署在其他地方。

(3)公共云/公有云。云端资源开发给社会公众使用。云端的所有权、日常管理和操作的主体可以是一个商业组织、学术机构、政府部门、云服务提供商或者它们其中的几个联合。云端可以部署在本地,也可以部署在其他地方。

(4)混合云。由两个或两个以上的云(私有云、社区云或公共云)组成,它们各自独立,但通过标准化技术或专业技术绑定在一起,云之间实现了数据和应用程序的可移植性。由私有云和公共云构成的混合云是目前最流行的——当私有云资源短暂性需求过大(称为云爆发,cloud bursting)时,自动租赁公共云资源来平抑私有云资源的需求峰值。例如,这次新冠肺炎疫情让企业单位、政府部门开通了线上办公、应急指挥,这时就会需要临时使用公共云资源来应急。

### (三)物联网(云)平台

物联网(云)平台也称为"物联网服务(云)平台"或任何物联网解决方案中的"物联网应用服务平台"。物联网云平台是为物联网定制的云平台,属于云计算提供的 PaaS 服务。

与普通的互联网相比,物联网有很大不同,在数据量方面,有的设备数量非常小,一次只有几十个几百个字节,大部分时间是休眠的,如智能电表,有的数据量非常大,如智能监控、智能摄像头;在终端数量方面,物联网可以用海量形容,如智能水电燃气表、家庭所有的智能家电等,物联网终端数量比普通互联网的手机、电脑终端要多出几个数量级;在协议方面,普通互联网都是 http、https 访问,协议相对单一,https 对物联网来说有些设备是无法接受的,它们需要更轻量级的协议访问方式;在访问方式方面,电脑、手机接互联网基本上就有限的几种——以太网、WiFi、移动通信,而物联网接入方式要多得多,不同的接入方式特性不一样,也要考虑如何对接。因此直接用普通的云平台来为物联网服务是不合适的,需要属于物联网应用特有的物联网(云)平台。

物联网(云)平台负责监测、控制物联网设备和网络层的各物联网功能元素,创建物理设备(如传感器、执行器、网关等)和基于计算机的应用系统之间的直接集成,以提高物联网的工作效率、准确性和经济效益。

根据物联网服务的层次,物联网云平台主要分为四大平台类型:连接管理平台(connectivity management platform,CMP)、设备管理平台(device management platform,DMP)、应用使能平台(application enablement platform,AEP)和业务分析平台(business analytics platform,BAP)(图1-28)。

**1. 设备管理平台** 设备管理平台主要是对物联网终端进行远程监控、设置调整、软件升级、系统升级、故障排查、生命周期管理等。同时可实时提供网关和应用状态监控告警反馈,为预先处理故障提供支撑,提高客户服务满意度;开放的 API 调用接口则能帮助客户轻松地进行系统集成和增值功能开发;所有设备的数据可以存储在云端。

典型的 DMP 平台包括 BOSCH IoT Suite、IBM Watson、DiGi、百度云物接入 IoTHub、三一重工根云、GE Predix 等。

**2. 连接管理平台** 连接管理平台一般应用于运营商网络上,实现对物联网连接配置和故障管理、保证终端联网通道稳定、网络资源用量管理、连接资费管理、账单管理、套餐变更、号码/IP 地址/Mac 资源管理,更好地帮助移动运营商做好物联网 SIM 的管理。通过

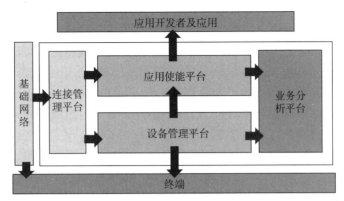

图 1-28　物联网云平台分类

CMP 平台能够掌握物联网终端的通信连接状态、服务开通以及套餐订购等情况；能够查询到其拥有的物联网终端的流量使用、余额等情况；能够自助进行部分故障的定位以及修复。同时物联网连接管理平台能够根据用户的配置，推送相应的告警信息，便于客户能够更加灵活地控制其终端的流量使用、状态变更等。

典型的连接管理平台包括思科的 Jasper 平台、爱立信的 DCP、沃达丰的 GDSP、Telit 的 M2M、PTC 的 Thingworx 和 Axeda 等。

**3. 应用使能平台**　应用使能平台提供应用开发和统一数据存储两大功能的 PaaS 平台，架构在 CMP 平台之上。其具体的功能有提供成套应用开发工具、中间件、数据存储功能、业务逻辑引擎、对接第三方系统 API、终端管理、连接管理、数据分析应用、业务支持应用等。物联网应用开发者在 AEP 平台上迅速开发、部署、管理应用，而无须考虑下层基础设施扩展、数据管理和归集、通信协议、通信安全等问题，降低开发成本，大大缩短开发时间。简而言之，它帮助物联网应用程序开发人员快速开发和部署他们需要的物联网应用程序。

**4. 业务分析平台**　业务分析平台包含基础大数据分析服务和机器学习两大功能。其中大数据分析服务主要是指平台在集合各类相关数据后，进行分类处理、分析并提供视觉化数据分析结果，通过实时动态分析，监控设备状态并予以预警；而机器学习则是通过对历史数据进行训练生成预测模型或者客户根据平台提供的工具来自己开发模型，满足预测性的、认知的或复杂的分析业务逻辑。

**（四）农业物联网（云）平台**

农业物联网（云）平台是互联网、物联网、云计算、传感器、智能控制等信息技术与传统农业生产相结合而搭建的农业智能化、标准化生产服务平台，为用户提供"从生产到销售，从农田到餐桌"的农业智能化信息服务，为用户带来一站式的智慧农业全新体验。农业物联网（云）平台可广泛应用于大中型农业企业、科研机构、各级现代化农业示范园区与农业科技园区，助力农业生产标准化、规模化、现代化发展进程。

农业物联网（云）平台一般可以提供以下几种功能。

**1. 远程智能监控**　农业物联网（云）平台通过在生产现场部署各种环境传感器、位置定位系统、智能控制器、摄像头等多种物联网设备，借助电脑、平板电脑、智能手机可以实现对农业生产现场气候环境变化、土壤营养状况、作物生长情况、水肥使用情况、设备运行状态等的实时监测展示。同时,还可以自动识别异常情况,并发出自动报警提醒,生产者可以根据警报及时采取防控措施,降低生产风险。此外通过云平台,生产者还可以远程控制生产现场的灌溉、通风、降温、增温等具有自动控制功能的设施设备,实现精准作业,减少人工成本的投入。

**2. 标准生产管理** 根据农业生产实际需求,云平台可以定制或建立标准化的生产管理流程,当流程启动后,平台就会自动进行任务的创建、分配与跟踪。此时,工作人员将会在手机上收到平台发布的任务指令,并按任务要求进行农事操作与工作汇报。另外,平台的管理者也可以通过云平台对工作人员进行任务派发与工作监督,提高工作效率,随时随地了解园区生产情况。

**3. 产品安全溯源** 云平台可以帮助生产者进行农产品的品牌管理,并为每一份农产品建立丰富的溯源档案。生产者可进行生产投入物品,以及农产品检测、认证、加工、配送等信息的记录管理,相关信息可自动添加到农产品溯源档案。同时通过部署在生产现场的智能传感器、摄像机等物联网设备,云平台可自动采集农产品生长环境数据、生长期图片信息、实时视频等,丰富农产品档案。云平台还可以将独立的防伪溯源信息制作成二维码、条形码的形式,消费者在购买农产品时,可以使用手机扫描二维码、条形码即可快速通过图片、文字、实时视频等方式查看农产品从田间生产、加工检测到包装物流的全程溯源信息。

**4. 快捷建立官网** 在市场网络营销的互联网时代,充分利用企业官网、电子商务平台、微信公众号等网络平台进行农产品全网营销势在必行。云平台的快速建站功能,可以帮助用户通过简单的操作轻松建设自己的官方网站,后期只需根据企业的营销需求,随时进行内容的编辑即可实现管理维护,所搭建的网站可实现电脑、手机多终端适配,让更多的客户快速通过网站了解企业。云平台的农产品电子商务功能,可以帮助用户搭建自己的电子商务平台,工作人员只需要通过简单的操作即可进行产品的发布与销售。同时云平台实现与微信公众号深度集成,消费者通过关注微信公众号即可进入农产品电子商务商城,并且可以随时查看农产品种植基地的环境数据、实时视频等,有助于增强消费者对农产品的体验以及对企业的信任,促进农产品的销售。

**5. 农技指导咨询** 云平台汇聚了大量农业专家资源,并搭建了涵盖蔬菜、瓜果等主要作物的农学知识库。生产者可以在平台上进行自助咨询,快速获取由系统智能应答的农技指导;生产者还可以在云平台上通过图片、文字、语音等方式向专家进行远程技术咨询,以获取专家的远程指导;同时在云平台上,生产者可以添加专家或其他生产者为好友,或者在云平台交流中心进行交流,以获得更多农技指导信息,提高自身的农业知识。

## 三、实践检验

### (一)实践操作

手机下载"百度网盘"App,用手机号进行注册登录。将手机里的一张图片或文件上传"百度网盘"App中。也可以使用其他网盘。

### (二)学习心得

答:_____

## 四、课后任务

在计算机上安装"百度网盘",打开计算机上的"百度网盘",登录自己的账号,此时可以看到通过手机上传的照片或者文件。(或者在浏览器中打开网址 https://pan.baidu.com/,登录自己的账号,此时可以看到通过手机上传的照片或者文件。)

 **单元小结**

物联网是新一代信息技术的高度集成和综合运用,已成为全球新一轮科技革命与产业变革的核心驱动和经济社会绿色、智能、可持续发展的关键基础与重要引擎。本单元通过浅显易懂的方式介绍了物联网、农业物联网的相关内容和知识,使用大量的案例、数据和图片让读者能够认识物联网,尤其是物联网在农业应用中所起的作用以及农业物联网涉及的相关技术。任务1介绍了物联网的概念,让读者对物联网概念有个基础认知;任务2介绍了农业物联网概述及架构体系,帮助读者了解农业物联网的基础知识;任务3至任务5介绍了物联网每层架构的具体内容,让读者熟悉农业物联网所涉及的相关技术。

# 种植业中的物联网技术

## 单元导学

百果园是一水果连锁品牌,为充分适应现代产业发展和满足不断增长的消费者的多样化需求,致力于实现从供给侧到消费终端的全产业链变革,让水果变成致富果、营养果、品牌果。

而在这场全产业链变革中不可或缺的一个助推器就是信息科技,即农业物联网在种植业中的成功应用。通过农业物联网在种植业中的应用,为百果园提供了更为智能化、标准化的种植服务。

作为以农业物联网种植为科技生态圈的百果园,为百果园种植体系提供智能化、标准化种植服务,用科技手段种出更多优质果品。农业对环境的变化极为敏感,对于蜜瓜来说也一样。蜜瓜种植基地通过安装的物联网监测设备(图2-1和图2-2),对空气温湿度、光照度、土壤温度进行全天候监测,由于蜜瓜生长条件比较苛刻,因此除了常规的生长环境监测,同时还需要对灌溉所用的水源进行酸碱度和液位监测,监测的数据直接通过有线或无线的方式上传云平台,当数据出现异常时将自动报警,并提醒管理员进行相应的农事操作。

图2-1 蜜瓜基地智能监控设备

图2-2 蜜瓜基地环境参数监测设备

在物联网智慧监测技术的成功运用下,蜜瓜基地同时开展了标准化的生产系统管理,井然有序地进行着各项生产任务。基层工作人员每天都会收到系统自动派发的农事任务流程，如果有临时工作任务，基地管理员也会随时派发并由工作人员及时接收，工作完成情况通过管理系统直接上报，方便基地管理员随时查看工作进展情况，及时掌握农事进度。

在这种标准、高效的生产管理模式下，提高了农事任务下达和完成的时间效率，使蜜瓜种植全程变得高效、透明，从而助力蜜瓜产量和品质的全面提升。让农业变得更加智慧、高效，促进农民创收致富，正是物联网在农业种植领域的优势所在。

## 知识导图

本单元课程主要包含两部分，一个是物联网在种植业中最典型、最广泛的应用——智能温室大棚，另一个是智能水肥一体化技术在种植业中的应用。

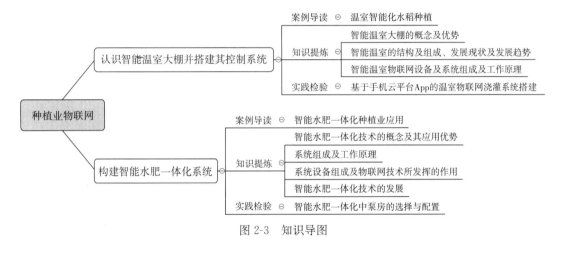

图 2-3 知识导图

## 任务1 认识智能温室大棚并搭建其控制系统

### 一、案例导读

株洲志恒实业有限公司，主要从事大棚建设、育秧周边设备产品销售等。作为以种粮大户和农民专业合作社组织为代表的集中育秧主体，该公司虽然在水稻种植上通过规模化优势推进了水稻生产标准化、机械化水平，但在将物联网技术引入种植业之前，生产上还存在着一些问题。

一方面是由于育秧对大棚的空气温湿度、土壤温湿度、叶面湿度等要求非常高，需要进行非常精细的培育管理，工作人员频繁现场检查控制耗时耗力，靠人工经验难以保障最佳生长环境。同时，如果环境出现异常，则需要进行对卷帘门、补光灯、加热设备、风机等进行一系列的手动操作。

另一方面由于工作人员不能全天候值守在每一个大棚，特别是夜间或有突发情况时，难以及时发现并迅速赶到大棚内进行操作和处理，极易造成损失。

随着温室和物联网技术的不断成熟，该企业通过引入智能化温室育秧大棚（图2-4），具体解决了以下几方面的问题。

图 2-4　湖南省株洲市水稻育秧智能温室大棚

（1）传感设备自动监测大棚环境，高清摄像头实时观看秧苗长势。利用土壤温度传感器、土壤湿度传感器、空气温度传感器、空气湿度传感器等传感设备实时监测大棚的环境，并借助部署在大棚关键监控点的高清摄像头，实时查看秧苗的长势。

（2）监测数据或视频影像实时上传"云平台"（图 2-5）。用户只需在手机或电脑上就可以随时观察大棚内作物的生长情况，同时通过"云平台"服务器进行长期存储，为今后农业

图 2-5　水稻高清视频远程查看

大数据分析打下了相应的数据基础。

（3）一体联动智能预警，大棚设备自动化控制，电脑手机远程操控。在智能化育秧大棚中，通过设置传感器、控制系统、云平台三者的一体联动，并根据育秧大棚中对环境参数的要求设置触发条件，当环境参数出现异常时，系统会自动通过风机、加热、补光灯等执行机构的启动来使环境参数恢复正常，除此之外，工作人员也可通过云平台，在手机或者电脑上远程控制大棚设备，无须赶赴育秧大棚，从而大大提高工作人员的工作效率，为育秧提供良好的培育环境。

（4）通过在温室大棚中引入物联网控制设备，对于水稻生产环节的各种环境参数实现的精准的采集与控制，节省了人力资源，提高了生产效率，在生产规模不断扩大的情形下有效地降低了生产成本，提高了农业经营者的收益。

## 二、知识提炼

> **学习目标**
> - 认识并了解传统温室、智能温室大棚的概念，智能温室大棚相比传统温室的优势
> - 认识智能温室的结构及组成、发展现状及发展趋势
> - 了解智能温室中物联网设备及系统组成及工作原理
> - 掌握基于手机云平台 App 的物联网浇灌系统的搭建
>
> **重点知识**
> - 智能温室物联网设备、系统组成和工作原理
> - 基于手机云平台 App 的物联网浇灌系统的搭建
>
> **难点问题**
> - 基于手机云平台 App 的物联网浇灌系统的搭建

### （一）智能温室大棚的前身

智能温室是现代信息技术与农业高度结合的产物，而在智能温室产生之前，农业生产中的常见温室类型分为三种：塑料温室、塑料日光温室和玻璃温室。本部分的主要学习内容是认识农业生产中这三种常见的温室类型，了解三种常见温室类型的结构及优缺点。

**1. 塑料温室** 塑料温室是以塑料薄膜为覆盖材料的不加温、单跨拱屋面结构温室（图2-6）。塑料温室的表面覆有薄膜，可通过卷膜在一定范围调节棚内的温度和湿度（图2-7）。尤其是在我国北方地区，主要是起到春提早、秋延后的保温栽培作用，但是塑料温室在北方的冬季无法栽培。

塑料温室的温度及透光率。塑料温室一般不需要室内加温，靠温室效应积聚热量。它的最低温度一般比室外温度高 1~2℃，平均温度高 3~10℃，可以满足北方绝大多数蔬菜品种的种植，通过布局成南北延长的形式来充分利用太阳光的照射。塑料温室建造成本低，投资

图 2-6 塑料温室内部结构

图 2-7 塑料温室外部形状

少,同时也是目前全世界非常通用、非常流行的一种简易的保护地栽培设施。

**2. 塑料日光温室** 塑料日光温室是节能日光温室的简称,又称暖棚(图 2-8)。塑料日光温室与塑料温室很相似,但又不同,其与塑料温室最大的区别是有墙体的存在(图 2-9)。它由两侧山墙、墙体、后屋面、前屋面、支撑骨架及覆盖材料组成。塑料日光温室主要应用于我国北方地区,南方地区也有,但较少见。塑料日光温室也是北方生产新鲜蔬菜的常用栽培设施。

图 2-8 塑料日光温室内部结构

图 2-9 塑料日光温室外部形状

塑料日光温室的分类和结构:

(1) 按墙体材料可分为干打垒土温室、砖石结构温室、复合结构温室等。
(2) 按后屋面长度可分为长后坡温室、短后坡温室等。
(3) 按前屋面形式可分为二折式、三折式、拱圆式、微拱式等。
(4) 按结构可分为竹木结构、钢木结构、钢筋混凝土结构、全钢结构等。

塑料日光温室其前坡面夜间用保温被覆盖,东、西、北三面为围护墙体。室内外气温差可保持在 21~25℃ 以上。由于我国北方大部地区冬季白天日照相对充足,因此在北方冬季的大田种植中得到了广泛的应用。因此,在采光设计方面为了在冬季最大限度地利用阳光,日光温室多采用坐北朝南、东西延长的方位。

**3. 玻璃温室** 玻璃温室的外部形状与内部结构与塑料温室与塑料日光温室有较大的不同。玻璃温室指以玻璃做采光材料的温室,属于温室大棚的一种,在栽培设施中,玻璃温室使用寿命相比以上两种温室寿命更长,更适合于多种地区和各种气候条件下使用(图 2-10 和图 2-11)。

图 2-10 玻璃温室内部结构

图 2-11 玻璃温室外部形状

在玻璃温室建筑领域，通过以跨度与开间的尺寸大小分为不同的建设型号，又以不同的使用方式分为蔬菜玻璃温室花卉玻璃温室（图 2-12）、育苗玻璃温室、生态玻璃温室、科研玻璃温室、立体玻璃温室、异形玻璃温室、休闲玻璃温室（图 2-13）等。

图 2-12 花卉玻璃温室

图 2-13 休闲玻璃温室

玻璃温室得益于其 90% 以上的高透光率，其采光面积大，光照均匀，其次是建设面积自由度大，而且由于玻璃材质使用时间长、强度高、耐腐蚀，因此是温室的理想选择。同时其建设成本也是最高的。

### （二）智能温室大棚的概念

智能温室大棚也称为智能温室，将智能控制系统应用到温室栽培的作物上就是智能大棚的作用，主要采用最先进的生物模拟技术，利用温度、湿度、$CO_2$、光照度等多种传感器检测大棚内的数据，根据环境参数进行数据分析，并及时通过对温室内水幕、风扇、遮阳板等棚内设施的控制，改变温室内的生物生长环境，从而更好地管理大棚内的生态环境和提高农作物的产量。

### （三）智能温室大棚的结构认知

智能温室一般情况下都是以玻璃温室为基础加装各种自动控制设备而构成，所以结构大部分与玻璃温室相类似，但是它本身是智能温室，所以还有一些与玻璃温室相区别的地方。

智能温室大棚的结构主要包括结构性连续墙基、立柱、温室玻璃、中间主体构建、上层立柱、天沟、电路铺设桥架、温室内水管、屋盖结构、上层支撑骨架、室外遮阳系统、室内遮阳系统等。

(1) 结构性连续墙基，是温室大棚最底层，当温室中起支撑作用的立柱间距较小时，一般采用连续墙基，当然如果立柱间距较大，也可以采用每个立柱对应一个混凝土基础的方式。连续墙基可以采用砖石砌筑或用混凝土浇筑而成，而目前由于技术的发展，一般采用混凝土浇筑比较多（图2-14）。

(2) 立柱，位于结构性连续墙基上方，在温室中起支撑作用，大型温室一般将立柱设在温室中央或屋架下部，材料一般使用钢材料，比如方钢、工字钢等，当然也有使用高强度复合材料的，但造价一般比较高（图2-15）。

图2-14 结构性连续墙基

图2-15 智能温室立柱

(3) 中间主体构建，位于立柱的上方，这部分是与普通玻璃温室有所区别的，它除了能挂载普通玻璃温室用的基础设备和固定水管的管道以外，还能挂载智能温室中常见的电子设备比如各种环境传感器和执行机构如补光灯、喷灌设备等。

(4) 上层立柱，位于中间件上方，主要用于支撑温室上层的结构。

(5) 屋盖结构，屋盖结构是温室承受纵向作用的结构系统，同时也是承担温室大部分外界作用的部件。

(6) 上层支撑骨架，为温室中建设的室外遮阳系统而起支撑作用，主要用于隔断与支撑室外遮阳系统。

(7) 室外遮阳系统，室外遮阳是温室的重要组成部分。室外遮阳系统是在温室的玻璃外层安装的遮阳网，它可以直接将多余的太阳辐射阻隔在室外，多余的太阳辐射基本上不会进入温室内，不会对温室的温度造成影响，从而保持室内温度的恒定，有利于作物生长（图2-16）。

(8) 室内遮阳系统，是指在温室内部安装遮阳网，在温室内阻隔多余的太阳辐射，与室外遮阳系统配合使用（图2-17）。

(9) 温室玻璃，包括玻璃窗户（图2-18）和玻璃隔断（图2-19）。玻璃窗户固定于窗与窗间、柱与柱间。玻璃的透光性可达90%以上，而且保温性良好，防紫外线能力强，亲水性好，防雾滴性强且不易腐蚀。玻璃隔断是智能温室的重要组成部分，它是一种到顶的可完全划分空间的隔断，用于在同一温室内对温度和湿度有不同要求的作物进行隔离种植。使用过程中可随时调换玻璃隔断的位置，也可重新组合再使用。玻璃隔断的特点是经久耐用，材料经过拆装后损伤极小。

图 2-16 温室室外遮阳系统

图 2-17 温室室内遮阳系统

图 2-18 温室玻璃窗户

图 2-19 温室中的玻璃隔断

(10) 电路敷设桥架,这部分也是智能温室特有的部分。它主要提供智能温室内部的电路通道,满足各类电子设备用电的需求。而温室中的电路系统一般不采用地下铺设,而采用悬架的方式进行,这样可以避免接触土壤,从而增强用电的安全性。

(11) 温室内水管,主要提供温室内部喷灌等用水的管道(图2-20)。

(12) 天沟,是指聚集雨水的沟槽,它的作用是用于排水。温室的排水系统可以分成有组织排水和无组织排水,天沟是有组织排水的典型代表,下雨时,雨水会集中到天沟内再由雨水管排下。以天沟为代表的有组织排水要比无组织排水效率更高,排水效果更好(图2-21)。

图 2-20 温室水管

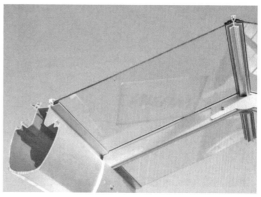

图 2-21 智能温室天沟

### (四) 智能温室物联网控制系统

温室物联网控制系统又称温室小气候环境监测控制系统，也称温室大棚自动控制系统，是专门为农业温室、农业环境控制、气象观测开发生产的一种环境自动控制系统（图2-22）。其主要应用于农业温室环境自动控制、高科技农业示范项目、农业科研教育等领域。

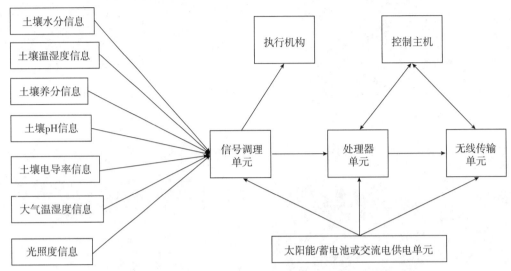

图 2-22　智能温室物联网控制系统

系统主要由三部分组成：传感器、处理器单元、执行机构。三部分数据通过信息传输链路完成传输，组成了完整的闭环控制系统。这里闭环控制是指系统通过传感器对环境参数的分析并控制执行机构产生对环境参数的改变，进而达到使温室作物生长处于合适状态的过程。

其中传感器部分包括温室内传感器（图2-23）和室外气象站（图2-24）两部分。温室内传感器用于实时检测温室中的光照度、湿度、温度和二氧化碳浓度等各种需通过传感器进

图 2-23　温室内二氧化碳传感器

图 2-24　温室外气象站

行采集的温室内环境参数，室外气象站检测温室外的气象环境参数，并通过数据链路上传至处理器单元，实时接收传感器发来的信息，进行处理后发送给控制主机。

控制主机（图 2-25）根据农业生产专家决策支持系统来评估当前的环境参数并根据不同的作物形成不同的控制策略，大部分控制主机配备有大屏显示系统（图 2-26）。

图 2-25　温室内控制主机　　　　　　图 2-26　温室大屏显示系统

执行机构用于接收控制主机发出的具体执行指令，主要控制温室内的风机、遮阳系统、喷灌等设备的启停，以调整温室内的环境参数。

供电单元供电方式主要有太阳能或蓄电池供电、交流电供电。

（1）太阳能或蓄电池供电，一般用于交流电不好走线或不适合用交流电供电的场合，常见的有信号调整单元、有线传感器、无线传感器等。

（2）交流电供电，又可以分为直接以交流电进行供电和通过交直流变压器进行供电两种。其中以交流电进行供电的主要是控制主机，其他温室电子设备如传感器、补光灯等通常采用经交直流变压器转换后的直流电进行供电。

信号调理单元的作用为接收或汇集传感器、执行机构的数据传输信息，并集中与处理器单元进行数据传输，通常在温室内以控制主机或主控制柜的形式体现。汇集以后可以简化温室内的布线，减少数据传输风险和故障率，提高数据传输效率。

**（五）智能温室通风降温保湿系统**

智能温室由于大部分采用玻璃建造，当受到太阳光直射时室内温度升高很快，而且容易长时间保持高温，温室内空气流通差，不利于作物生长。因此温室中的通风降温系统就尤为关键。目前，温室中的通风降温系统主要由风机、湿帘、水泵、电子雾化器、自然开窗系统组成。

（1）风机。能够直接输送自然风及输送降温后的凉风，在温室中通常与湿帘配合使用（图 2-27）。室外新鲜空气经蒸发式冷气机过滤、降温后向室内源源不断地大量输送，将室内带有异味、粉尘和混浊闷热的空气排出室外，同时兼顾换气降温及增加空气含氧量等多种效果。其供电端一般经由继电器控制的 24 伏直流电源供电。

（2）湿帘。湿帘是一种由特种纸等材料制成的蜂窝结构（图 2-28）。湿帘装在温室的一端，配合装在温室的另一端的风机使用。其工作原理是风机抽出室内的空气产生负压迫，使室外的空气流经湿帘表面后进入温室，在夏季可以使进入温室内的空气降温，而在冬季可以使进入温室内的空气升温，从而使温室内环境温度相对保持恒定。

（3）水泵。温室内水泵的作用主要是用于为温室的湿帘和电子雾化器提供水源。同时也

图 2-27 温室风机

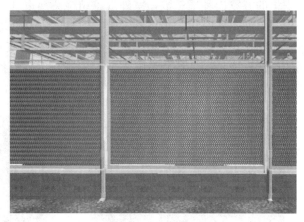
图 2-28 温室湿帘

是温室内作物灌溉用水的主要来源。温室水泵一般放置于室外。

（4）电子雾化器。温室电子雾化器的作用是在温室内部进行加湿、降温，尤其应用于北方冬天空气干燥时。电子雾化器主要有离心力雾化器、超声波雾化器、压力机械雾化器3种。其供电端一般经由继电器控制的24伏直流电源供电（图2-29）。

（5）自然开窗系统。主要作用是使温室内部与外界空间的空气交流，与风机共同作用，用于温室内温湿度的调节，尤其使用在夏天或伏天，当使用风机进行通风效果不佳的时候（图2-30）。

图 2-29 温室电子雾化器

图 2-30 自然开窗系统

### （六）智能温室补光灯

温室补光灯的作用是给温室内种植的作物通过人造光源进行照射，通过照射可以使植物在非常短的时间内以非常快的速度生长，从而提高作物产量。其本质是补充自然光的不足，使作物在光线不好或夜晚也能生长。现代补光灯主要有高压钠灯红色照明、金属卤化物灯照明、LED自然光照明3种。

其供电端一般由继电器控制的12伏直流电源供电，继电器接受控制主机的控制从而对补光灯的开闭进行控制。

## （七）智能温室的特点及发展意义

**1. 智能温室特点**

（1）有效避免人为操作损失。物联网控制系统的使用既可以精确控制作物生长环境参数并进行精确调控，因此能够有效规避由于人为因素而造成农业生产损失。

（2）迅速提升产量和质量。智能温室的使用，使农作物一年四季都可以进行种植，避免了季节性影响，从而快速提升了农作物的产量和质量。

（3）节本增效。温室的建造由于成本较高，而建成后可以大幅提升生产效率。因此特别适合应用于具备一定规模的种植企业。通过大规模的种植，使单位面积的温室建造成本得到了有效降低，智能化设备的引入，降低了运营管理成本，提高了工作效率。产量的提高和成本的降低，使企业的生产利润大幅增加。

**2. 发展意义**

（1）由于在农业生产的节本增效方面，只有通过规模化种植才能够实现，而智能化产品在温室中的投入成本不会随着温室大棚种植规模的增加而成比例增加。一套智能化产品可以同时管理多个温室的生产，并根据不同温室种植作物不同进行差异化管理。因此，规模越大，节本增效方面意义更大。

（2）智能温室已经成为弥补传统农业弊端的一种新型农业模式，也是促进温室大棚生产向着精细化、智能化方向发展的一种有效途径。智能温室监控系统充分降低了信息获取、处理、传输等各环节上的成本，优化了农业资源，改善了作业者的工作环境，在将来我国农业发展上具有重要意义。

## （八）智能温室的国内外发展现状

**1. 国外发展现状** 讨论智能温室在国外的发展情况，就不得不提一个国家——荷兰。荷兰是全球温室技术的领先者，经过100多年的发展，荷兰的智能温室已发展到全世界领先水平。据统计，荷兰玻璃温室面积约占全世界温室总面积的1/4。荷兰以玻璃温室为主要设施农业生产设备。玻璃温室约60%用于花卉生产，40%主要用于果蔬类作物（主要是番茄、甜椒和黄瓜）生产。闻名世界的花卉产业，年生产量居世界首位，是荷兰的支柱性产业，年出口额约50亿欧元，占世界市场的43%。

另外，美国、以色列等国家的智能温室发展水平也较高。在智能温室监测技术中，美国采用智能温室网络监测系统，将环境调控、土壤灌溉和作物施肥相结合。由于美国具备其在智能控制领域操作系统和芯片制造等方面的优势，其生产成本更低，农业生产利润率更高。

同时，其他国家根据其本国国情和耕作面积的情况也制定了符合本国国情的温室技术发展并开展了相关应用推广，取得了一定的成果。

**2. 国内发展现状** 我国对于温室控制技术的研究较晚，最早是20世纪80年代开始研究的。由于我国在20世纪80年代处于电子信息发展的初期，因此仅限于温度、湿度和二氧化碳浓度等单项环境因子的控制。之后随着电子信息技术的快速发展，我国先后从欧美和日本等发达国家引进了大面积连栋温室。但由于缺乏管理经验和温室栽培技术，致使企业相继亏损或停产。

"九五"规划初期，我国与以色列开展了一系列的农业方面的合作，通过引进国外现代温室技术，在农业类大学建立技术研究实验室并邀请以色列专家共同开展农业科研并指导农业生产，到20世纪90年代中后期，我国自主开发一些研究性质的环境控制系统。

进入21世纪，随着移动通信技术的发展，以及大数据、5G、物联网技术在温室中的广泛应用，我国智能温室技术得到了全面快速发展，使我国种植业的科技含量越来越高。

### 三、实践检验

#### (一) 功能描述

通过模拟构建温室中自动监测、控制的实际应用场景，感知温室中数据采集和控制原理。本部分内容为基于手机云平台App的温室物联网浇灌系统搭建。

**1. 系统组成概述** 本系统主要功能是通过手机App中云平台控制软件的设置和操作来完成对温室内土壤参数的采集，并能够利用云平台控制软件来控制水泵对植物进行浇灌。本系统也是智能温室中最常用、最典型的物联网控制系统。

整体系统由数据采集端、数据显示及控制端、执行机构组成（图2-31）。其中数据采集端（也称现场）主要包括土壤湿度传感器、空气温湿度传感器，用于实时监测土壤及大气中的温度以及湿度；数据显示及控制端主要是在手机云平台App中实时显示土壤湿度传感器、空气温湿度传感器通过无线网络上传的温湿度数据，通过该云平台App可以直接以无线的方式控制水泵进行抽水浇灌或停止浇灌。而执行机构就是温室中最常见的水泵，用于接收云平台App发来的指令而开启浇灌或停止浇灌。其中，除了能够在手机云平台App中实时监测土壤及空气的温湿度信息，在现场也同时配置了小型OLED显示屏，用于实时显示土壤及空气的温湿度信息，方便用户能够在现场及时获取温室环境参数。

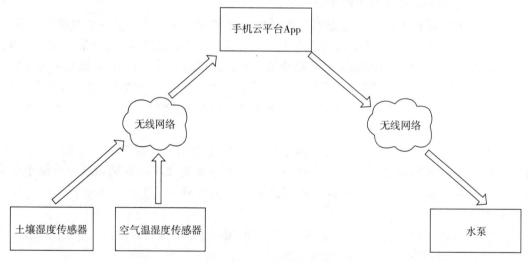

图2-31 系统组成拓扑

**2. 手机云平台App简介** 本系统中手机App云平台软件使用Blynk云平台实现。Blynk云平台也称Blynk App，它是为物联网开发设计专门打造的一款手机移动应用程序。该程序最大的特点是系统开源，即其中有很多供开发者使用的功能模块，开发者可以按照自己的开发需求在App中添加相应的模块，定制属于自己独特功能的物联网控制App，它的操作非常简单，比较适合初学者。如需了解Blynk的更多信息请参阅Blynk官网，网址为https：//blynk.io（图2-32）。

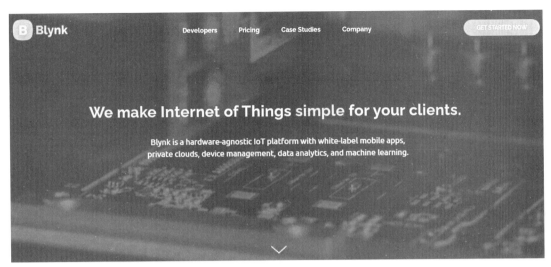

图 2-32 Blynk 官方网站首页

## （二）实践操作

在对本系统有了整体的认识以后，接下来进入系统硬件搭建部分。首先我们需要认识并了解本系统在搭建过程中所需要用到的硬件设备（图 2-33 和图 2-34）。

### 1. 系统搭建所需硬件设备

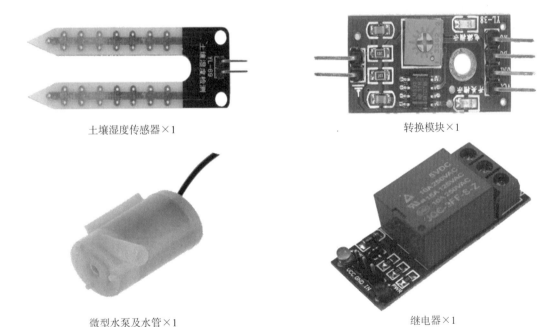

土壤湿度传感器×1　　　　　　　　　　　转换模块×1

微型水泵及水管×1　　　　　　　　　　　继电器×1

图 2-33 系统搭建所需硬件设备 1

土壤湿度传感器：主要由两根土壤探针（或称电极）构成，通过直接插入泥土中对土壤的湿度进行检测，土壤的湿度以"％"的形式进行表示。

转换模块：用于接收土壤湿度传感器所采集的电信号，并转换成易于接收或识别的电信号以供系统存储与显示。转换模块主要包括采样保持器和模数转换电路两部分。

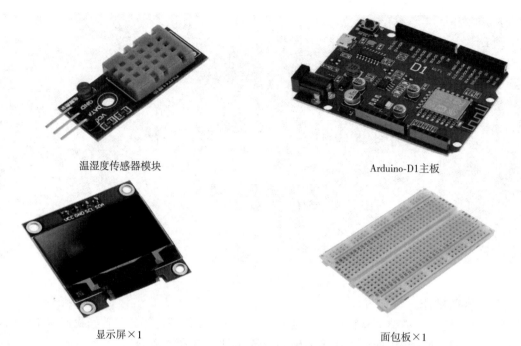

图 2-34 系统搭建所需硬件设备 2

微型水泵及水管：由直流电机构成，用于将容器中的水经水管抽出以进行浇灌操作。

继电器：是一种通过信号线来控制供电电流通断的设备。该设备与微型水泵连接以控制其供电电流的通断，控制用信号线连接至 Arduino-D1 的主板，详见后续关于设备连接的相关内容。

温湿度传感器模块：用于实时监测空气中的温度及湿度信号，温度以"℃"表示，湿度以"%"表示。

Arduino-D1 主板：系统的主控制板，也是系统的核心部件，用于接收并存储各传感器上传的信息，同时接收 Blynk 云平台 App 信息或向 Blynk 云平台 App 发送信息。

显示屏：本系统显示屏采用 128×64 点阵 OLED 显示屏，用于现场显示各传感器所采集的实时环境数据。

面包板：用于各硬件设备连接的电路底板。

**2. 系统搭建流程**　在进行搭建之前，先需要了解面包板的电气连通特性，否则搭建完毕会无法实现所需功能，甚至有可能将硬件设备烧毁。

面包板是实验室中用于搭接电路的重要工具，熟练掌握面包板的使用方法是提高实验效率，减少实验故障出现概率的重要基础之一。下面就面包板的结构和使用方法做简单介绍。

常见的最小单元面包板分上、中、下三部分，上面和下面部分一般是由一行或两行的插孔构成的窄条，中间部分是由中间一条隔离凹槽和上下各 5 行的插孔构成的宽条（图 2-35）。

（1）窄条部分。窄条上下两行之间电气不连通。每 5 个插孔为一组（通常称为"孤岛"），通常的面包板上有 10 组。这 10 组"孤岛"一般有 3 种内部连通结构：

左边 5 组内部电气连通，右边 5 组内部电气连通，但左右两边之间不连通，这种结构通常称为 5-5 结构。

图 2-35　面包板外观及结构

左边 3 组内部电气连通，中间 4 组内部电气连通，右边 3 组内部电气连通，但左边 3 组、中间 4 组以及右边 3 组之间是不连通的，这种结构通常称为 3-4-3 结构。

还有一种结构是 10 组"孤岛"都连通，这种结构最简单。

（2）宽条部分。宽条由中间一条隔离凹槽和上下各 5 行的插孔构成。在同一列中的 5 个插孔是互相连通的，列和列之间以及凹槽上下部分则是不连通的（图 2-36）。

本例中所用的面包板是 5-5 结构面包板的半块，也就是说窄条中标有"＋"红色线的一行处于连通状态，通常用于接电源正极，标有"－"蓝色线的一行处于连通状态，通常用于接电源负极，这样也方便用户进行实验连线（图 2-37）。

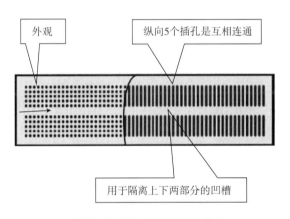

图 2-36　面包板连通性示意 2　　　　图 2-37　本例所使用面包板

在了解本系统所用到的各种设备后，下面进行硬件系统的搭建工作。

第一步：将 Arduino-D1 主板的"5V"端与面包板窄条的"＋"极端通过杜邦线连接，同时将 Arduino-D1 主板的"GND"端与面包板窄条的"－"极端通过杜邦线连接。

本步骤的作用是将 Arduino-D1 主板电源引至面包板，方便后续硬件设备连线时可以直接从面包板上取电，也是保证整个硬件系统"等电位"的必要条件。

第二步：将土壤湿度传感器的电极引脚与转换模块的"＋""－"输入端通过杜邦线相连（图 2-38）。

第三步：将转换模块的"VCC"端和"GND"端分别与面包板的"＋"端和"－"端连接，以实现对转换模块的供电，同时将转换模块中 A0 引脚与 Arduino-D1 主板的 A0 引脚通过杜邦线连接，以实现土壤湿度信号向主板的传输。转换模块中的 D0 引脚做悬空处理，不进行连接（图 2-39）。

图 2-38 土壤湿度传感器接线示意

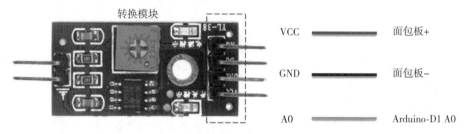

图 2-39 转换模块连接示意图

第四步:将继电器的"IN"引脚(有时以"S"标注)与 Arduino-D1 主板的 D4 引脚相连,将继电器的"VCC"引脚(有时以"+"标注)和"GND"引脚(有时以"-"标注)分别连接至面包板的"+"端和"-"端,以实现对继电器的供电(图 2-40)。

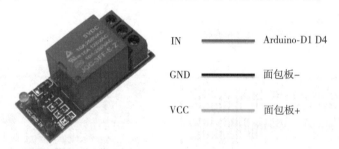

图 2-40 继电器接线示意

第五步:将水泵正极(红色线)与继电器的"NO"端连接,连接时先将水泵正极接至接线器,再使用双公头杜邦线的一头接至接线器的水泵正极对应口内,另一头接至继电器的"NO"端,在连接继电器时要使用螺丝刀将继电器"NO"端的螺丝旋松后再将杜邦线插入"NO"端的口槽中,然后再将螺丝旋紧。同时,将继电器 COM 端与面包板"+"端连接,水泵负极接至接线器,再使用杜邦线连接接线器的水泵负极对应端与面包板"-"端。"NC"端悬空,不进行连线(图 2-41)。

图 2-41 水泵与继电器连接示意

【知识拓展——继电器】

继电器是采用直流小信号来对交流供电或大功率直流供电的通断进行控制的电子设备（图2-42）。

通常来讲，继电器有3个输入端，有3个输出端。对于输入端来说，"VCC"引脚和"GND"引脚是继电器的供电端，"IN"引脚是直流小信号的输入端；对于输出端来说，"COM"端通常接电源的正极，它与"NC"端（也称"常闭端"）在没有"IN"引脚信号输入的情况下一直处于导通状态，而与"NO"端（也称"常开端"）在没有"IN"引脚信号输入的情况下一直处于断开状态。

图2-42 继电器结构

当"IN"存在有效输入信号时，继电器内部由于直流小信号的输入而产生磁场，将输出端的开关进行吸合，使"COM"端与"NO"端导通而与"NC"端断开。

根据继电器的基本工作原理和电路的连接方式，本例中使用Arduino-D1主板中D4的直流小信号来控制水泵的开启与关闭。当D4引脚存在有效直流信号时，继电器被吸合从而给水泵供电，开启水泵工作；反之则关闭水泵。

第六步：将温湿度传感器模块的"VCC"端接至Arduino-D1主板的3.3V正极，"DAT"端接至Arduino-D1主板的D7引脚，"GND"连接至面包板的"－"端。其中"VCC"端与"GND"端用于温湿度传感器模块的供电，"DAT"端用于将产生的温湿度信号传输至Arduino-D1主板（图2-43）。

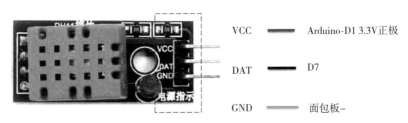

图2-43 温湿度传感器模块接线

第七步：连接OLED显示屏模块至Arduino-D1主板。其中"VCC"端和"GND"端是OLED的供电端，与面包板的"＋"端和"－"端进行连接。"SCL"与"SDA"引脚是OLED屏的I²C的数据传输信号端，连接至Arduino-D1主板的D8与D9引脚，用于接收并显示由主板发送的温湿度信息（图2-44）。

第八步：将Arduino-D1主板、继电器、面包板、OLED显示屏和其他传感器固定在套件中提供的木板上。最后，将土壤湿度传感器的电极插入盆栽，水泵的水管插入盆栽中，将其尽量靠近土壤湿度传感器，同时将水泵浸没于水中。至此，硬件部分搭建完毕（图2-45）。

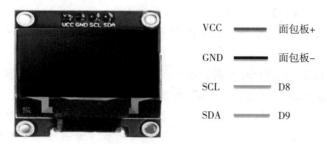

图 2-44 显示屏模块接线

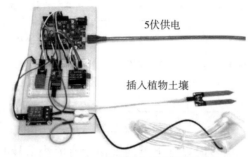

图 2-45 最终效果示意

**3. Blynk 云平台的使用及控制软件搭建** 完成系统硬件部分以后,接下来学习 Blynk 云平台 App 的使用以及控制软件的搭建方法。首先需要下载 Blynk 云平台 App,对于苹果手机,可以直接在 app-store 中搜索并下载安装(图 2-46)。

对于安卓手机,建议先通过百度 App 搜索并安装"360 手机助手"(图 2-47)。安装完毕后打开"360 手机助手"搜索"Blynk"并下载安装(图 2-48)。

安装好以后打开 Blynk 软件,首先需要进行的是

图 2-46 苹果手机 Blynk 安装界面

图 2-47 360 手机助手安装界面

图 2-48 安卓手机 Blynk 安装界面

账号注册。单击界面处的"Create New Account"按钮来创建一个属于自己的账户。由于软件默认服务器地址不可用,因此在注册之前,需要先在新打开的界面处单击"next"上方的按钮,对服务器的地址进行配置。目前,常用的 Blynk 服务器的 IP 地址有:

- Blynk 官方服务器:blynk-cloud.com
- 盛思服务器:blynk.mpython.cn
- 裘炯涛老师服务器:39.100.111.0 或 116.62.49.166
- 武玉柱老师服务器:60.213.28.10

本案例使用裘炯涛老师服务器 IP 地址 39.100.111.0,端口号使用 9443,将服务器地址设置界面中的拨码开关拨至"custom"处进行设置,设置完成后单击"OK"按钮。最后在创建账户界面中输入真实的邮箱地址和账户密码后单击"Create New Account"按钮即可完成账户创建。

注意,本处的密码是 Blynk 账户的注册密码,并不是邮箱的登录密码,而且密码只允许填写一次,因此在填写时一定要保证正确性。

账户创建完成后单击"New Project"上方的"+"按钮进行工程的创建,在第一栏中输入自定义的工程名称,第二栏中选择 ESP8266,下方可以根据自己的喜好选择"暗色(DARK)"界面或"亮色(LIGHT)"界面,本案例选择亮色,最后单击下方的"Create"按钮完成工程的创建。创建完成后,出现授权码已发送至注册邮箱的提示信息(图 2-49),单击"OK"按钮。同时,用户需单击右上角设置按钮"◎"以打开工程详细信息界面,并单击该图中的"Copy all"按钮对授权码进行复制,方便后续的操作。

图 2-49 工程详细信息界面

工程创建完成后,单击空白处以添加组件,在组件选择页面中选择"Gauge"(图 2-50)。选择好以后单击"Gauge"组件,在打开的"Gauge"设置中将组件名称设置为

"室内温度",输入端口设置为"V0",温度数值范围设置为"-20至55",计量单位设置为"C",在"READING RATE"(读取速率)下拉列表选择"2 sec"(图2-51),设置完成后单击←按钮。采用同样的方法添加"室内湿度""土壤湿度"组件,输入端口分别设置为"V1"和"V2",湿度数值范围设置为"0~100",单位设置为"%","READING RATE"下拉列表选择"2 sec",然后设置完成(图2-52)。

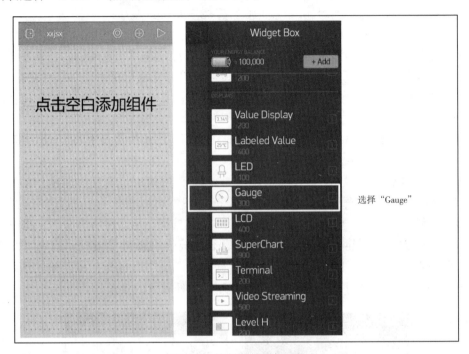

图2-50 控制组件添加界面

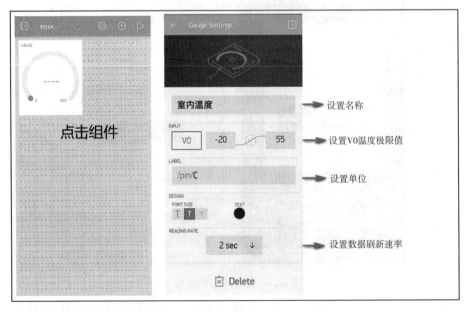

图2-51 室内温度控制组件设置界面

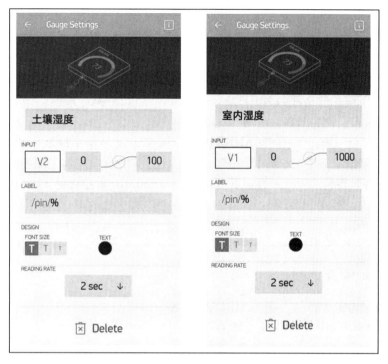

图 2-52　室内湿度及土壤湿度控制组件设置界面

最后添加操作按钮。单击空白处选择添加组件，在组件选择页面中选择"Button"（图 2-53），单击"Button"组件，将组件名称设置为"浇水开关"，输出端口设置为"V3"，开关模式设置为"SWITCH"，并在最后一行设置开关标志。

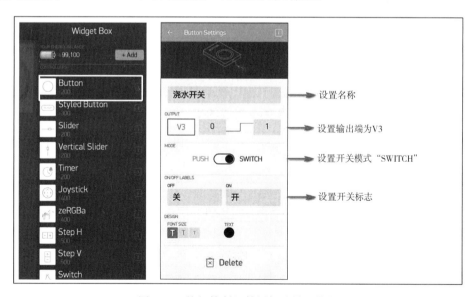

图 2-53　按钮控制组件添加及设置按钮

【知识拓展——"SWITCH"模式与"PUSH"模式】

"SWITCH"模式与"PUSH"模式是开关常用的两种模式，"SWITCH"表示按下再松开后对按钮的开关状态进行切换，即对开关状态的切换是由按下和松开连续两个动作共同触发的;而"PUSH"模式表示按住即对按钮的开关状态进行切换,松开后对按钮的开关状态进行再次切换,即对开关状态的切换是由按下动作或松开动作分别触发的。

**4. 程序下载及系统运行** 在程序下载之前,需要先在电脑上安装 USB 转串口驱动,登录南京沁恒微电子官网(http://www.wch.cn/download/CH341SER_ZIP.html)进行驱动文件的下载,下载后的文件名为 CH341SER.zip,通过压缩软件解压并双击 setup.exe 进行安装即可。

安装好以后,用实验套件自带的 USB 连接线将 Arduino-D1 主控板与电脑进行连接,连接好以后右击"我的电脑",选择"管理"命令,在打开的窗口左侧列表中选择"设备管理器",在右侧项目列表的"端口"处点开并查看 Arduino-D1 主控板的 USB 连接线对应生成的串口号即 COM5(图 2-54)。另外需注意,不同的电脑生成的串口编号是不同的,以具体电脑生成的编号为准。

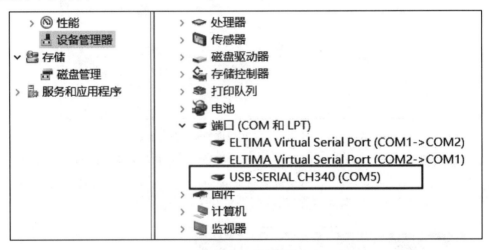

图 2-54 串口号观察界面

双击打开米思奇图形化编程软件(Mixly.exe),单击界面中的"打开"按钮,选择"源代码"文件夹下的 D1IoTflo.mix 并单击确定。然后修改 Mixly 中主控板的型号为 Arduino ESP8266,将数据下载端口改为 USB 连接线生成的串口号 COM5(图 2-55)。

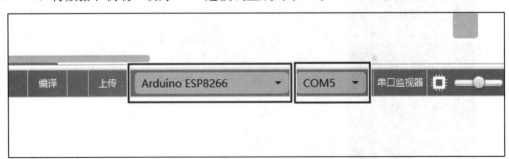

图 2-55 主控板型号及串口号设置界面

在完成以上设置后,将服务器地址、WiFi 名称、WiFi 密码填入对应模块信息栏内,并将之前复制好的 Blynk 授权码粘贴至对应位置(图 2-56)。注意,如果实验环境没有 WiFi 信号,则可以通过开放手机热点的方式为 Arduino-D1 主控板提供 WiFi 连接。

单元二
种植业中的物联网技术

图 2-56　WiFi 及授权码设置界面

单击上传按钮，等待几分钟电脑即可将程序上传至 Arduino-D1 主控板，当出现"上传成功"信息后（图 2-57），便可以看到在 OLED 显示屏上可以实时显示当前的空气温湿度和土壤湿度信息，同时打开 Blynk App 即可看到已经可以实时进行显示空气温湿度和土壤湿度信息（图 2-58）。此时单击图中右上角的"▷"按钮，进入"运行"界面，此时单击浇水开关可以直接对水泵进行控制，同时浇水开关显示当前水泵的运行状态。用户如果希望再返回到编辑界面，可以单击图中右上角的"□"按钮。至此基于手机云平台 App 的物联网浇灌系统搭建完成。

图 2-57　Mixly 上传主控板信息成功界面

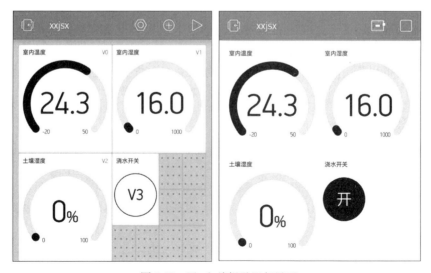

图 2-58　Blynk 编辑及运行界面

### （三）学习心得

答：_____

_____

_____

_____

## 四、课后任务

请查阅相关资料并说明为了提高温室作物产量，使温室更加现代化、智能化，还可以加入哪些传感器、控制器或执行机构？

请查阅相关资料并说明我国智能温室的发展与欧美发达国家有什么不同，可以从我国基本国情、信息技术及物联网发展、农业在我国的地位等方面进行说明。

# 任务2　构建智能水肥一体化系统

## 一、案例导读

山东省德州市齐河县农业大田中，作物长势喜人，虽然种植面积大，但需要的人力劳动并不多。这是因为在2018年，农田中安装了"田园大脑"，浇地、施肥、喷药全部实现自动化操作，并且能够在手机上随时观察和监测。

"田园大脑"置于一间小房子内，这里安装了用来精准配药、过滤水质的装置，根据农作物品种和生长阶段，把每个阶段需求的水、肥、药的用量和比例都设置好，输入到系统里，只需要在手机上点一点，农作物所需的"营养餐"和"对症药"就自动喷施到了地里。

通过精准灌溉、施肥、施药，解决了水肥利用效率低的问题。通过"田园大脑"使用，节水60%~80%，节肥30%~50%，产量还能增加15%左右。

这里的"田园大脑"指的就是智能水肥一体化设备。传统的大水漫灌不仅会把营养及大、中、微肥淋溶至地下，造成肥料浪费、污染地下水源、土壤板结，影响植物的新陈代谢，而且肥料中的氨态氮蒸发，还会污染环境。而水肥一体化，可根据不同作物品种和生长阶段，精准配比肥和药，而且是直接作用在作物根系，提高了水肥利用率。更为方便的是，它可以通过一个手机App实现大面积农田的灌溉施肥喷药，节本增效。

## 二、知识提炼

> **学习目标**
> 
> • 认识并了解传统灌溉及施肥技术特点及其劣势，智能水肥一体化技术的概念及其应用优势
> • 认识智能水肥一体化技术的系统组成，理解系统工作原理
> • 认识智能水肥一体化系统设备及物联网技术所发挥的作用

- 了解智能水肥一体化技术的发展

◯ **重点知识**

- 智能水肥一体化技术的系统组成及相应设备
- 智能水肥一体化系统的工作原理

◯ **难点问题**

- 智能水肥一体化技术的系统及相应设备在系统中的作用

## （一）传统灌溉及施肥技术特点及其劣势

**1. 传统的灌溉技术** 在我国，传统的灌溉技术主要采用的是以沟灌为主（图2-59）。沟灌首先要在作物行间开挖灌水沟，灌溉水由输水沟或毛渠进入灌水沟后，在流动的过程中，主要借土壤毛细管作用从沟底和沟壁向周围渗透而湿润土壤。

传统的沟灌都是采用定期浇水的方式。因此必然导致浇水时土壤水分过饱和，而且由于气温的原因可能会导致所浇的水迅速蒸发，或者水温急速下降，从而导致土壤板结、烂根等情况发生，进而影响农作物产量。

图 2-59 传统灌溉技术——沟灌

**2. 传统的施肥技术** 主要是指根据农户自身的经验进行施肥。其中常用的两种施肥方式是地面撒施和机械深耕。地面撒施这种方法比较简单，省时省工，可随时使用，但肥料的利用率低，会挥发损失一部分化肥养分；机械深施这种方法有利于提高化肥效率，但劳动量大，且操作不便。

传统施肥技术最大的缺点是不考虑各种肥料特性而盲目采用"以水冲肥""一炮轰"等

简单的施肥方法。由于传统施肥技术效果差、损害作物、劳动强度大，随着农民对种地投入的增加，农村"施肥过量，增产不增收"的现象也越来越多。

### （二）智能水肥一体化技术概念及应用优势

**1. 智能水肥一体化技术的概念**　水肥一体化的本质是在农作物生长中，对其所需水分及肥料同时供给的一种技术。这种技术通过把农作物所需肥料溶解在灌溉水中，通过压力管网系统将可溶性固体或液体肥料由灌溉管道带到田间每一株作物并输送至根系，从而保证农作物的生长。

而智能水肥一体化技术是将现代信息技术及物联网技术应用于水肥一体化，达到能够自动采集并分析农作物的生长环境参数及土壤墒情，并根据农作物生长环境特点、农作物种类的不同、农作物在田间生长阶段的不同对相应的农作物进行科学的灌溉及精准施肥的技术。

**2. 智能水肥一体化技术应用优势**　智能水肥一体化技术在将灌溉与施肥同步化的基础上实现的智能化，因此其应用优势非常明显。科学灌溉与精准施肥可以大量节约传统灌溉及施肥技术的水肥用量，减少种植过程中水肥使用对土地的破坏与污染。同时，智能水肥控制系统可以做到在各种植物的不同生长期提供作物所必需的各种养分，避免各种元素之间的拮抗反应，做到各种元素的均衡，显著增加产量和提高品质。同时无论是灌溉还是施肥，都可以实现自动化，大大节约成本，提高利润。

### （三）智能水肥一体化技术的系统组成及工作原理

智能水肥一体化系统由首部子系统、灌溉管网子系统和物联网信息采集与控制子系统组成（图2-60）。

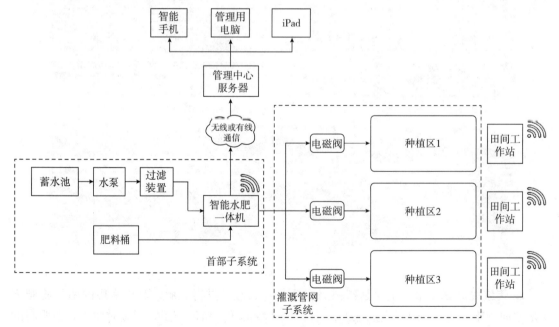

图2-60　智能水肥一体化系统组成

该系统的核心设备是智能水肥一体机。该设备属于首部系统的设备，它从肥料桶中吸取肥料并将其与水泵注入的灌溉用水进行混合，混合后通过灌溉管网系统引入到不同的种植区进行灌溉和施肥。

控制系统的作用是实时采集田间数据并传输至智能水肥一体机，智能水肥一体机根据当前的土壤墒情和环境参数信息生成施肥决策，并通过灌溉管网系统为各种植区精确施肥。智能水肥一体机的数据以有线或无线的方式传输至管理中心服务器，服务器工作人员可以通过电脑、智能手机或 iPad 对田间的环境参数信息或墒情进行监测，同时可以设置自动控制策略进行自动化施肥管理。下面对各个子系统进行分别介绍。

**1. 首部子系统**　首部子系统是指智能水肥一体化设施的上游设备集合，其主要由蓄水池、水泵、过滤装置、肥料桶和智能水肥一体机组成。

（1）蓄水池。蓄水池的作用是储存水肥一体化中的灌溉用水。在进行水肥一体化实施时一般要求具有固定水源。蓄水池有多种形式，最常用的两种形式是钢筋混凝土蓄水池（图 2-61）和玻璃钢蓄水池［也称作储水罐（图 2-62）］。

为了保证灌溉的及时性和连续性，不管农业生产中是哪一种水源，一般都建议配置蓄水池。即使是稳定的自来水供水系统，其水压也会存在变化，因此在大面积农田灌溉施肥时无法保证管网系统中恒定的压力，也就不利于智能施肥机根据供水时间来计算灌溉量和施肥量，从而也就无法达到精准施肥的效果。因此为了充分发挥智能水肥一体机的优势，在具备稳定自来水供水系统的应用场景下也需要配置蓄水池，但容积可以适当小一些。

图 2-61　钢筋混凝土蓄水池

图 2-62　玻璃钢储水罐

（2）水泵。水泵用于将蓄水池中的水抽出送入过滤器。由于在整个水肥一体化管网系统中要保持足够和稳定的压力，因此水泵一般都使用增压式水泵，通过设在其附近的变频控制柜对其进行控制。

（3）过滤装置，也称水肥一体化过滤设备。在水肥一体化中，由于管网中灌水器（如滴灌头）的流道很小，易堵塞，所以必须使用过滤设备对灌溉水进行过滤处理。在水肥一体化实施过程中，过滤设备一般要采用两级过滤。

第一级过滤通常为砂石过滤器，也是对水质的初级过滤（图 2-63）。砂石过滤器一般采用离心过滤的方式，主要用于过滤水体内的水藻、有机质、颗粒悬浮物等。

第二级过滤通常为细砂过滤器，也是对水质的二级过滤（图 2-64）。细砂过滤器一般采用叠片过滤的方式，以充分滤除水源中的细小颗粒物，以防止其对灌溉管网系统的影响，特别是对滴灌头的堵塞。

在两级过滤器的选择上，目前随着技术的发展一般都使用自动反冲洗过滤的方式。自动反冲洗是指设备可以自行对过滤过程中产生的泥沙、水藻等物进行冲洗和清除。

图 2-63 自动反冲洗沙石过滤器

图 2-64 自动反冲洗叠片过滤器

（4）施肥桶。施肥桶即用于集中存储水肥一体化系统中肥料的设施。在水肥一体化技术中，对于肥料的要求是液态肥料或可溶于水的固态肥料。另外，还要求肥料溶液养分浓度高、溶解速度快、不会引起灌溉水 pH 的剧烈变化、对灌溉设备的腐蚀性小等。

（5）智能水肥一体机。智能水肥一体机是系统内的核心设备。该设备由进（出）水口、压力表、电磁阀、EC/pH 传感器、触摸屏、混肥桶、灌溉泵、补水泵等部件组成（图 2-65）。

进水口连接经二级过滤的灌溉用水，补水泵可以将灌溉用水输送至混肥桶，混肥桶将灌溉用水与从肥料桶抽取并经过滤网片过滤的肥料进行充分混合形成水肥一体化溶液，最后通过灌溉泵及出水口加压输送至管网系统。

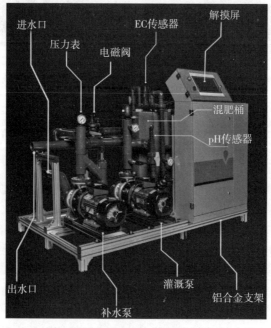
图 2-65 智能水肥一体机设备组成

该设备使用触摸屏＋无线通信的设计形式，既可以直接通过触摸屏对灌溉及施肥策略进行设定和控制，也可以无线通信的方式将传感器信息传输至管理中心服务器进行远程控制。

**2. 灌溉管网子系统** 灌溉管网子系统主要由灌溉用管道、阀门控制器及电磁阀组成。灌溉管网子系统的作用是将首部子系统处理过的水肥混合液按照要求输送到需要进行施肥和灌溉的农田，是智能水肥一体化系统的终端执行机构（图 2-66）。

（1）灌溉用管道。管道部分由干管、支管、毛管组成。干管一般采用 PVC 管材；支管一般采用 PE 管材或 PVC 管材；毛管是灌溉管网子系统的最末一级管道，毛管上安装微喷头，目前多选用内镶式滴灌带（图 2-67），内镶式滴灌带的特点是具有自清洗功能，滴头不易堵塞。

图 2-66　灌溉管网子系统　　　　　　　图 2-67　内镶式滴灌带

（2）阀门控制器及电磁阀。阀门控制器简而言之是接至电磁阀，用于控制电磁阀开闭的设备（图 2-68）。而电磁阀是一种电流通过线圈作用于阀芯来控制气体或液体流通的通断的开关。通俗地讲，电磁阀就是能够用电信号来控制液体或气体开关的阀门（图 2-69）。首部及大口径阀门多采用铁件。干管或分干管的首端进水口通常设置闸阀，支管和辅管进水口处设置球阀。一个阀门控制器可以连接多个电磁阀，同时对其进行开闭的控制。而阀门控制器可以通过三种方式与智能水肥一体机连接。

图 2-68　电磁阀控制器　　　　　　　　图 2-69　电磁阀

①点对点的有线连接。即每一个阀门控制器都通过穿管或直埋电缆连接至智能水肥一体机，智能水肥一体机通过对每一个阀门控制器及电磁阀进行控制。

②总线形连接。即农田中所有的阀门控制器都接到从智能水肥一体机引出的一条公共信

号线上。智能水肥一体机发送至对应阀门控制器的阀门控制信号经过总线传输并通过解码器解码后方可被对应阀门所识别，从而执行开闭指令。

③无线通信连接。即农田中所有的阀门控制器都通过无线的形式与智能水肥一体机进行连接，具体连接方式在第三部分"物联网信息采集与控制子系统"中介绍。

**3. 物联网信息采集与控制子系统** 物联网信息采集与控制子系统主要由田间信息采集部分、无线信号传输部分、控制管理中心部分组成（图2-70）。

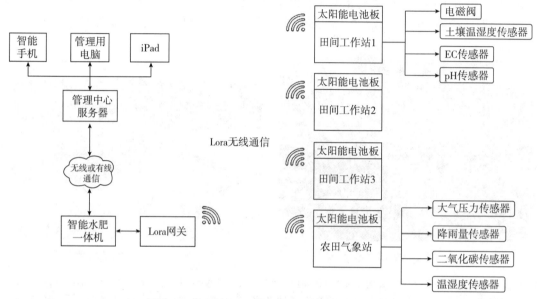

图2-70 智能水肥一体化物联网控制子系统组成

（1）田间信息采集部分。田间信息采集部分主要由田间工作站（图2-71）和农田气象站组成。田间工作站通过太阳能电池板进行供电，对田间各类传感器信息进行汇集后传输至控制管理中心（图2-72）或智能水肥一体机，同时接收由控制管理中心或智能水肥一体机发来的控制指令，对电磁阀进行开闭的操作。农田气象站同样通过太阳能电池板进行供电，主要的作用是收集农田环境信息，如气压、二氧化碳浓度、空气温湿度和降水量等信息，可实现气象数据采集、实时时间显示、气象数据定时存储、气象数据定时上报、参数设定等功能，并根据控制管理中心的指令实施区域自主控制。

图2-71 田间工作站

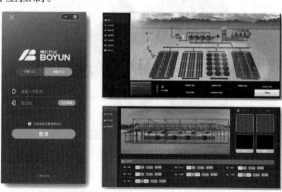

图2-72 控制管理中心平台

（2）无线信号传输部分。考虑到大面积农田数据传输的稳定性和可靠性，智能水肥一体化系统中的无线传输通常采用 Lora 无线通信技术。

Lora 无线通信方式分为 Lora 无线通信节点和 Lora 网关两部分。对于本系统而言，田间工作站即为 Lora 无线通信节点，网关设置于智能水肥一体机处。网关将田间信息进行汇集并通过有线或无线的方式上传至控制管理中心，进而将田间工作站、气象站、智能水肥一体机及控制中心服务器进行全系统组网。

（3）控制管理中心部分。控制管理中心接收农田发来的传感器等各类环境及土壤信息，并通过专家决策支持系统生成灌溉及施肥方案，进而控制水肥一体机、灌溉管网进行灌溉及施肥作业。其主要作用体现在以下几方面：

①用水量控制管理。控制管理中心根据对总出水口流量的监测来实时记录本区域的总用水量。同时，在每个支管处可以设置压力传感器，通过对支管实时数据的采集来判断每个支管覆盖区域的用水量，通过自动化决策支持系统来控制阀门的开与闭，从而将总用水量与区域用水量控制在合理范围。

②运行状态实时监控。通过土壤湿度传感器、液位传感器的信息能够实时监测滴灌系统水源状况，及时发布缺水预警；通过出水口压力传感器和流量等的监测可以及时发现滴灌系统爆管、漏水、低压运行等不合理灌溉事件，保障水肥一体化系统正常运行。

③PC 及移动控制与展示平台。通过物联网水肥一体化智能监测平台，能够为用户提供传感器数据、农田现场图片或视频，并可以进行本地存储或云存储，同时可以实现自动报警，用户无论使用电脑还是手机都可以实时获取水肥一体化灌溉或施肥信息。

④运维管理等其他功能。包括系统维护、状态监测和系统运行的现场管理，对用水、耗电、灌水量、维护、材料消耗等进行统计和成本核算等。

### （四）智能水肥一体化技术的发展

**1. 国外水肥一体化技术发展** 世界上第一个关于细流灌溉技术的试验可以追溯到 19 世纪，但是真正的开始应该起源于 20 世纪 50 年代和 60 年代初期。到了 70 年代，由于塑料管道产量能力的提升，对细流灌溉起到了决定性的推动作用，水肥一体化技术获得了极大的发展。美国在 1913 年就建成了第一个滴灌工程，在灌溉农业中特别是马铃薯、玉米、果树均采用水肥一体化技术。德国 1920 年就开始探索研究滴灌技术，20 世纪 50 年代塑料工业兴起后，高效灌溉技术得到了迅速发展，发展成为一种高精度控制土壤水分、养分的一种农业新技术。作为农业大国的荷兰，从 20 世纪 50 年代初以来，温室数量大幅增加，通过灌溉系统施用的液体肥料数量也大幅增加，水泵和用于实现养分精确供应的肥料混合罐也得到研制和开发。其他国家如西班牙、意大利、日本的水肥一体化技术也发展较快，同时与水肥一体相配套的水溶肥研制和生产取得了长足的进步，并建立了完善的水肥一体化实施技术服务体系。

**2. 国内水肥一体化技术发展** 目前国内水肥一体化已经从起源地西北干旱地区逐渐走向全国，在国家"一控两减"（控农业用水量，化肥、农药减量增效）的要求下，水肥一体化将担当控水减肥和现代农业的主角，发展空间巨大。新疆、东北、山东等适合大面积农田种植的地方都已全面推广水肥一体化技术，该技术的推广从试验示范开始，逐步扩展延伸，对象从棉花、蔬菜等经济作物扩展到小麦、玉米等粮食作物。伴随着先进的水肥一体化技术的成熟和普及，我国水肥一体化技术面临的主要问题是广大农民由于自身教育文化水平的问题，接受的程度还有待提高，因此在发展我国农业信息化产业的同时，还需要注重加强农民培训，全面提高农民素质，只有这样才能从根本上提高我国农业现代化水平。

## 三、实践检验

### （一）网络搜索与分析

查阅相关资料了解什么是泵房，泵房在智能水肥一体化系统中的作用是什么，是否是必须配置的设备，同时结合本人所在区域农田的情况思考应该如何配置泵房。

答：_____

_____

### （二）学习心得

答：_____

_____

## 四、课后任务

进一步了解土壤 EC 值、pH 对农作物的影响，并说明不同的作物生长对土壤 EC 值、pH 的具体要求。

---

### 单元小结

本单元介绍了现代种植业中广泛被采用的智能温室和智能水肥一体化技术。随着种植业物联网的不断发展以及大数据和云计算的成熟，将更加有助于通过对农业生产基础数据的提取、加工、分析来完善现有农业生产决策支持系统，使农业生产更科学、作物培育更精准、种植管理更高效。

同时，通过对农业生产从业人员的信息化培训，全面提高其信息化素养，从而在种植业领域能够培养更多的懂技术、知农业的交叉学科型高素质复合人才，为我国农业现代化水平的提高和乡村振兴战略目标的实现提供人才支撑和技术保障。

# 单元三 养殖业中的物联网技术

## 单元导学

20世纪90年代初,英国北威尔士大学附属学院的三位博士研究发现,母牛通常的运动量为一天3~5千米,但发情期的母牛运动量会增加至10千米以上。这一发现使得通过传感器来检测奶牛是否发情成为可能。

韩国京畿道牧场的场主们为母牛佩戴了计步传感器,再配合云计算与大数据,每只母牛的步伐数信息按每小时一次的频率传送至云计算中心进行分析和处理,分析结果则会通过计算机和手机传送给牧场管理员。此法令牧场扭亏为盈,并大幅降低人工成本。

每年新牛的繁殖兴旺与否,直接决定了牧民的收入,这就要提升母牛的受孕概率。母牛发情周期为21天,其中可孕时间不超过16小时。如果错过这时间段,还要等21天之后。而在未怀孕的时期,牧场主饲养母牛的成本等于没有任何回报,因为每多喂养一个月的未怀孕母牛,成本都是不菲的。如何提升整体母牛分娩的周期,就成为衡量牧场经营的重要指标。

他们成功地将母牛平均受孕间隔期控制在了47天左右,实现每12个月一产,每年有超过2 000万韩元(约11.13万元人民币)的收益。在此之前,韩国国内牛繁殖所用平均时间为14个月,如果核算相关成本,饲养100只可孕母牛规模的牧场将无法避免亏损。经过测算,物联网技术帮助韩国牧场主每头牛每年节约26万韩元(约1 447元人民币)管理费。对50只可孕母牛的农家来说,每年平均节约1 300万韩元(约7.24万元人民币)。

"联网奶牛"的背后,有强大的信息通信技术(information and communications technolog,ICT)支撑。从一项理论到实际应用,背后有来自富士通的强力支持。多年以前,富士通就在日本1 050个牧场和家畜中心使用了牛步系统(GYUHO SaaS),积累了大量的数据和经验。由于母牛的可孕时间只有不到16小时,富士通牛步系统会在可孕前7小时即可捕捉到信号,并通知牧场管理员。牧场管理员接收到信息后,随即确定牛的位置并进行观察,提前准备对母牛进行人工授精。

通过大数据分析,在受孕的16小时中,前8小时受孕产下母牛犊的概率最高,后8小时受孕产下公牛犊的概率最高,进一步帮助牧民根据需求来控制生产牛犊的性别。随着富士通对牛步数据的积累以及不断改善，牛步系统得到了全面的进化，不仅仅可用于发现发情的母牛，给出最佳受精时段的建议，还可用于发现长期不发情的母牛，甚至是母牛是否假孕、流产、生病等多种状态。

由于所有的数据都被传送至富士通的数据中心存储起来，完善的记录让每一个牛步传感器和牛对应起来。牛步系统也方便了牧场管理员了解发情期母牛对应的血统，从而避免使用和发情母牛接近血统的冷冻精液，导致出产的小牛因为近亲繁殖而出现退化问题。经过不断地升级，富士通牛步系统已经从只是帮助牧场管理员提升母牛受孕效率的服务，升级成为牧场牛群全生命周期健康管理的系统。

事实证明，富士通牛步系统不仅提高了牧场牛犊的出生率，更对传统畜牧业产生了深远的影响。目前，随着我国城市化日益明显，农村人口大量向城市迁徙，使得农村的劳动力严重不足，因此农业、畜牧业受到了极大的影响。而通过创新的物联网、云计算以及大数据技术，与ICT并不搭界的传统畜牧业也能够实现数字化转型，不仅节约了人力成本、提高了生产效率，还能够对人类环境的可持续发展起到积极作用。富士通的牛步系统正是一个不错的借鉴，为我国农业、畜牧业的发展指明了方向。

## 知识导图

本单元主要由物联网在畜牧业中的应用和物联网在水产业中的应用两个子情境组成。图 3-1 为养殖业物联网学习情境思维导图。

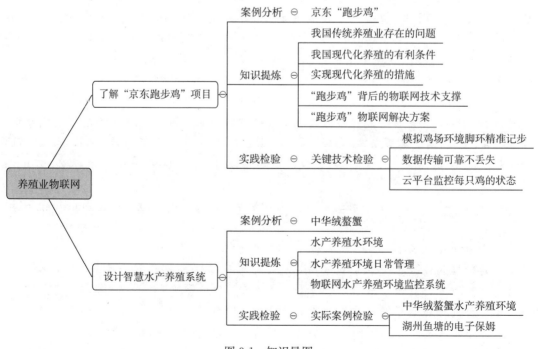

图 3-1　知识导图

## 任务1　了解"京东跑步鸡"项目

### 一、案例导读

"京东跑步鸡"项目，是2016年京东与武邑县实施"互联网＋扶贫"行动重点打造的电商精准扶贫新业态。根据项目设计，贫困户可以通过小额贷款零成本认领生态柴鸡散养，每只鸡佩戴脚环，要求跑步鸡必须放养，跑到100万步以上，再由京东回购线上销售，实现贫困户脱贫和企业收益的双赢。

河北武邑县鲍贤兰村的京东跑步鸡乐园，在每10亩林地为一个区域的跑步鸡养殖区里，一行行杨树林成为"跑步鸡"生活的乐园。区域之外，偶尔也能见到一些飞出护栏、踩着方步的"跑步鸡"。"跑步鸡"们在树林中自由漫步，吃的是青草、野豆子、昆虫和草籽，同时，在每日两餐的特制食料里含有钙、磷、钾等微量元素，食料中保证不含任何兽药和激素。此外，跑步鸡还享受着一周三次的应季水果蔬菜"零食"，每个鸡舍内实时摄像头全天候监控，数只大白鹅巡逻看护。考虑到跑步鸡全部为公鸡，跑步鸡乐园还会给每个养殖区搭配一定比例的母鸡，为鸡群谋"福利"。跑步鸡乐园最大限度还原了鸡的原始生活方式，按时消毒和封闭管理最大限度保障整个园区的安全规范。

性情活跃是京东"跑步鸡"区别于市面其他肉鸡的特色，与此同时，它们也肩负着别样的"使命"。跑步鸡通常要养到160天左右，长到1.5～2千克才可以出栏。相比之下，市面上肉鸡的养殖周期不超过45天。在"跑步鸡"项目启动一年期间，三批"跑步鸡"几乎被抢购一空，京东生鲜每回收一只成品"跑步鸡"，相应贫困户将得到30元的扶贫资金，扶贫款项均及时发放。

跑步鸡团队还尝试着喂养蛋用母鸡，场地扩大升级，尝试多种养殖模式和养殖类型来提升产品品质。经过深度参与养殖，京东生鲜形成了标准化的养殖管理体系，把原始的养殖与现代化管理理念和设备相结合，为消费者提供安全健康高品质的散养鸡产品。

近几年，"跑步鸡"帮助了很多贫困户实现了脱贫致富。

图 3-2 为佩戴脚环的"跑步鸡"。

图 3-3 为京东商城在售扶贫"跑步鸡"界面。目前"跑步鸡"售价最高可达219元，销量和好评均很高。

如今的"跑步鸡"项目运营基本成熟，模式趋于成熟，市场接受度尚可，京东生鲜已将跑步鸡项目在全国其他地方进行复制。

### 二、知识提炼

> **学习目标**
> - 了解我国传统养殖业存在的问题
> - 了解我国现代化养殖的有利条件

图 3-2 佩戴脚环的"跑步鸡"

图 3-3 扶贫"跑步鸡"销售界面

- 掌握现代养殖的措施
- 了解"跑步鸡"背后的物联网技术
- 了解"跑步鸡"脚环采用何种传感器
- 了解"跑步鸡"跑步的步数收集方法

▶ **重点知识**

- 实现现代化养殖的措施
- "跑步鸡"背后的物联网技术

▶ **难点问题**

- 如何实现现代化养殖
- 如何保证"跑步鸡"脚环供电时长

### （一）我国传统养殖业存在的问题

20世纪80年代后期到90年代初期，肉、蛋、奶、菜被列入菜篮子产品，成为农业发展的重要议题。总体来说，我国养殖业还处于较低的发展水平，生产方式也以分散饲养为主，饲养规模较小、生产效率低、畜产品质量难以保证，与世界其他养殖业发达国家存在很大的差距。农产品质量难以控制、养殖者承担的市场风险大、农产品深加工产业不发达等问题，制约了我国养殖业的进一步发展。

**1. 养殖方式以农户散养为主**　我国传统养殖业的生产模式是小农经济，散养是养殖业主要模式，养殖业在家庭中处于副业的地位。在指导思想、生产模式和生产技术等各方面传统农业与现代集约化养殖都存在巨大的差距。小农经济在思想意识方面的视野决定了其不能快速适应现代养殖业的发展。

**2. 养殖人员缺乏技术**　自创模式与学他模式是我国农村养殖技术的主要模式，凭自己想法干，模仿他人干。据《农村养殖技术》调查，在农村治疗兽病依靠自己的占84%，防病措施靠注射疫苗的占96%。购买畜牧兽医用品的依据：同行推荐占39%，根据广告购买占50%，自己想象占11%。由于对养殖业特点和客观形势了解甚少，又缺乏最基本的养殖技术知识，所以从事养殖业生产具有很大的盲目性，"一窝蜂上，一窝蜂下"现象非常普遍。

**3. 农产品贮存期短**　农产品贮存期短，销售渠道不畅。农村小规模养殖多无固定销售渠道，主要依靠当地农贸市场，部分通过不固定的商贩外运，遇有产品过剩或外销困难时，又因属于鲜活产品不耐贮存，所以即使赔钱也不得不出售。

**4. 养殖人员文化较低**　据国家权威部门统计，从事现今养殖业生产的主要障碍是养殖人员文化素质和专业技能较低。一些农村养殖生产者凭着模仿别人和"想当然"，"自以为是"，不具备快速适应现代养殖业生产的能力。

### （二）我国现代化养殖的有利条件

**1. 国内宏观经济的持续、稳定发展**　我国宏观经济发展态势良好，人们的生活水平稳步提高，人均 GDP 和城乡居民收入持续稳定增长，大部分已经达到富裕和小康水平，经济的发展带动了我国养殖业的发展。

**2. 市场需求日益增大**　人民生活水平的提高，我国人均肉、蛋、奶消费量不断增加和人们对畜产品的质量要求不断提高决定了养殖业走现代化、集约化和规模化的必然发展道路。畜产品市场的发展和完善从根本上推动了规模化养殖的发展。随着我国经济的持续发展，畜产品的消费需求还将继续增加。随着人们对食品安全意识的增强，对畜产品质量的要求也越来越高。传统的一家一户的饲养模式已不能适应新形势的发展需要，规模化养殖成为养殖业发展的必然趋势。

**3. 新的养殖业生产形式的出现**　在我国养殖业现代化发展过程中，城市郊区养殖业和农业专业户的发展对养殖业现代化、集约化、规模化生产起到了很大的推动作用。城市郊区养殖业是伴随城市经济的发展，从农区养殖业分化出来的集约化程度较高的养殖业，最初的目的是为解决城市畜产品供应问题，随着现代化管理水平的提高，其发展已经成为带动我国养殖业发展的重要力量。目前，在农区建设养殖小区、实行标准化生产已经成为养殖业发展的重点，标准化、规模化养殖方式已经成为推进养殖业生产方式转变、实现现代化养殖业的必然趋势。

**4. 先进技术的推广应用**　纵观我国养殖业发展的各个阶段，科技进步和技术推广是推动行业进步的重要动力。我国的科技进步对养殖业发展的贡献率已达到49%，这些科技成果的推广和应用，为养殖业的持续快速发展起到了重要作用。说明养殖业快速发展过程伴随着养殖业科学研究的进步和技术的推广、普及，为实现规模化养殖、推动养殖业现代化生产奠定了技术基础。

**5. 国家的政策倾斜和重点扶持**　我国政府历来重视养殖业发展。改革开放以来，各级政府都增加了对畜禽良种繁育体系建设的投入，建设和完善畜禽良种场和测定中心，初步形成了畜禽良种繁育体系框架，为养殖业发展解决了最根本的种的问题。2004年农业部（现农业农村部）制定了《关于推进畜禽现代化养殖方式的指导意见》，以指导各省、自治区、直辖市采取相应措施，发展现代化养殖小区，大力推动养殖业模式的转变。

（三）实现现代化养殖的措施

**1. 实现养殖规模化**

（1）坚持宣传发动，增强投资信心。通过不同媒介，积极宣传规模养殖系列政策及新的养殖业发展模式；组织普通养殖户参观学习区内规模养殖典型、听取养殖大户经验交流；充分发挥典型引路的作用，增强农民发展规模养殖的信心和决心。

（2）坚持政策促动，落实扶持资金。加大对规模养殖业的资金投入力度，相继出台相关奖励政策等措施，每年拿出专项资金对畜禽产业发展成绩突出的个人及单位予以重奖，同时对新增规模养殖基础设施建设实行补助，引导和促进规模养殖业发展。

（3）坚持龙头带动，设立发展平台。不断引进大型养殖业龙头企业落户本地区，同时积极培育和发展壮大本地龙头企业，加大同龙头企业的合作，充分发挥龙头企业的示范、辐射和带动作用，大力推广"公司＋农户""协会＋农户""公司＋协会＋农户"等养殖模式。

（4）坚持服务联动，解决后顾之忧。组织林牧局、财政局等相关职能部门联动，对规模养殖户用地、用水、用电、融资、工商登记、检验检疫通关、保险等方面提供优惠政策，简化规模养殖企业落户的审批和手续办理，降低企业运营成本，同时在投资规划、项目审批、土地征用或租赁、办理工商营业执照等方面提供优质服务，为高效规模养殖保驾护航。

**2. 建设养殖专业合作社组织**　养殖专业合作社是市场经济发展到一定阶段的必然产物，农业的市场化、专业化、现代化程度越高，越需要加快发展养殖专业合作社。养殖专业合作社既是提升农民素质、培养高素质农民的有效载体，又是促进养殖户增收的重要机构，更是加快和实现养殖业又快又好发展的主要组织。我国养殖专业合作社的迅速发展和带来的成效，对于发展现代养殖业、建设社会主义新农村、构建和谐社会，具有十分重大的现实意义和深远的历史意义。我国的养殖专业合作社发展虽然取得了良好的开端，但还是处于发展初级阶段，存在一些薄弱环节和问题。如合作社规模小，发展水平不高；经营管理水平低，市场竞争力差；扶持合作社发展政策没有得到充分有效的落实；一些部门重视不够等。这都需要各级政府和部门以及养殖专业合作社的共同努力去加强和解决。建设养殖专业合作社组织的方法如下：

（1）加大宣传，进行普法。
（2）加强引导，促进发展。
（3）推广典型，促进发展。
（4）做好服务，排忧解难。

**3. 形成养殖产业化**

（1）强化思想认识，切实加快发展农业。提高对农业产业化重要性和必要性的认识。养殖业产业化是解决当前制约农业和农村经济深层次矛盾和问题的现实选择，是实现农业"三增"的有效途径。用长远性、方向性的发展战略眼光来认识农业产业化的重要性和必要性，要按建设小康社会的需要，重新构筑农村经济模式和实现途径；创新体制、新机制，达到指导农业经济实现新突破。真正形成全社会重视养殖业产业化、支持养殖业产业化、推动养殖业产业化发展。

（2）强化龙头企业，倾力培育发展农业产业化经营排头兵。

首先，必须充分认识龙头企业的作用和意义。龙头企业是农业产业化的核心，担负着开拓市场、技术创新、引导和组织基地与农户经营的重任。培育壮大龙头企业对提高农业产业化经营起着"四两拨千斤"的作用。

其次，要制定落实国家、省、直辖市扶持龙头企业的优惠政策。各地、各部门要充分领会其精神实质，念好、用好政策经，切实做到按政策办事、按市场经济规律办事，按龙头企业发展的要求办事，使龙头企业不断发展壮大。

再次，要进一步推进龙头企业经营机制和经营方式的创新。要积极深化企业改革，使企业真正做到产权清晰、责权明确、政企分开、科学管理，建立具有法人治理结构的现代企业制度。要因势利导，积极引导一些大型工商企业介入农业领域，充分发挥其具有的强带动、高效益、强辐射、外向型的优势。

最后，要培养一支高素质的"龙头"企业家队伍。一方面要善于引进人才，只要能壮大发展企业、发展经济，就要以优厚的待遇大胆引进；另一方面对现有的企业家培养提高。

（3）强化优势产业开发，创建农业产业化发展的平台。推进养殖业产业化的前提和基础是提高养殖业产业的规模化、规范化、标准化、市场化和社会化水平。必须按照"因地制宜、发挥优势、突出特色、壮大规模"的原则，走"小群体、大规模、强产业"的产业发展路子，才能从根本上改变产业规模小、规范化程度低和标准化水平低的突出问题。当前和今后一个时期，农业结构调整的重点和新农村科学养殖概要目标必须放在培育壮大特色产品产业上，构筑农业优势产品、优势产业，发展规模生产基地和优势区域。达到产业布局更优，产业规模增大，产品质量调高，产品市场竞争力增强。

各地发展养殖业，一定要有实事求是的科学态度，切忌头脑发热。发展养殖业要讲效益，要通过各级政府的正确引导、科学规划、着眼长远，使养殖业真正成为农民发家致富的好途径。

### (四)"跑步鸡"背后的物联网技术支撑

在单元一中对物联网进行较为详细的介绍，我们知道，用手机可以控制自己家的家用电器，家用电器和手机之间的链接就是一种物联网。"跑步鸡"身上佩戴的计步器也是这个原理，计步器所积累的数字，可以通过网络传送到后台电脑上，养殖人员就可以对数字进行观察和分析。

在养殖行业，利用物联网、AI、大数据，很多地方都开始建立了智能养殖系统。不过禽类智能养殖技术一直以来都有待突破，毕竟，禽类养殖密度比较大，散养活动范围比较大，对设备的需求也比较特殊。

图 3-4 为"跑步鸡"养殖环境场景图。

图 3-4 "跑步鸡"养殖环境

"跑步鸡"在建立自己的物联网体系确实遇到很多问题，因"跑步鸡"的数量比较多，而且是散养的，如果它们佩戴的计步器没电了那就很麻烦了，养殖人员不可能一只一只地抓，一个一个地充电，所以，计步器的蓄电时间就显得格外重要。为了解决这个难题，京东使用了一种名叫窄带蜂窝物联网的系统。和普通网络比起来，窄带蜂窝物联网不仅功耗低、费电少，而且覆盖能力很强，就算散养的鸡自己跑到信号不好的地方，它的计步器数字也能实时通过网络上传。

## (五)"跑步鸡"物联网解决方案

"跑步鸡"物联网解决方案通过监控养殖过程中的温度、湿度、光照度、水供应、气体监控、噪声监控,配合"跑步鸡"智能脚环,组合各种传感器和控制器联动,达到养鸡场实现物联网管理。

育雏阶段,物联系统在温度、光照、密度、饮水和脱温饲养方面充分发挥自动控制的优势,降低人工成本,杜绝人工失误。成鸡管理阶段,物联网系统大幅降低人工参与度,自动化管控温度、湿度、光照度、通风排气、饮水消毒,控制运动量,应激状态记录和报警。

物联网数据和控制硬件可以和协同办公系统、企业营销门户系统打通,通过回溯模块和在线销售功能,提高营销效果。

通过各种传感器、执行器、通信手段,提高养鸡场的自动化水平,降低人工投入,减少人为误差,提高效率,从而达到增产增收的目的。

图 3-5 为"跑步鸡"项目的战略流程。

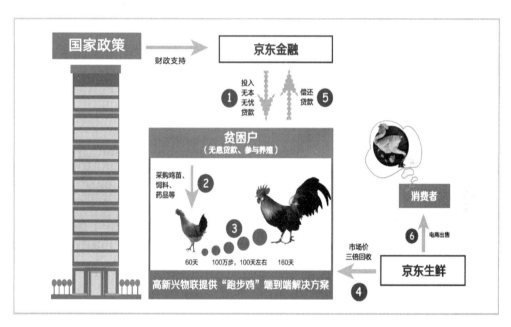

图 3-5 "跑步鸡"项目的战略流程

由"跑步鸡"项目战略流程图得知,京东"跑步鸡"采用了高新兴物联提供的低功耗"跑步鸡"端到端物联网解决方案,实现了跑步鸡的运动步数实时可见。脚环通过内置的传感器和算法实现数据采集,通过 LORA/NB-IoT 低功耗物联网通信技术,将数据经由锚点和网关上传至云平台,并在后台通过对步数、鸡场温度、环境等进行多维度的科学分析,实现绿色、生态、智慧养殖并预防系统性风险的发生,提供可信的养殖监控能力。

**1. "跑步鸡"系统模式** "跑步鸡"系统由数据采集与定位系统、数据远程传输、监控管理平台三部分组成。

图 3-6 为"跑步鸡"数据传输与管理的示意图。

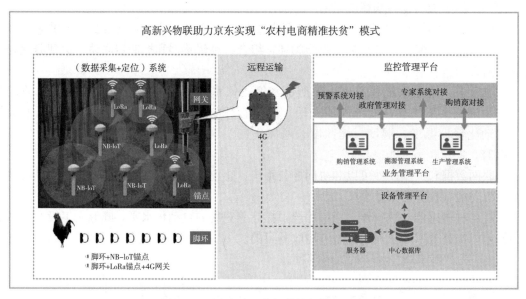

图 3-6 "跑步鸡"数据传输与管理示意

(1) 智能脚环应用价值。智能脚环的应用对生产者和产品销售都带来了一定的优势,其应用价值如图 3-7 所示。

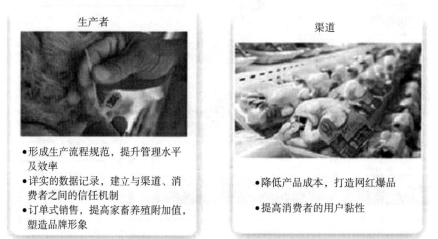

图 3-7 "跑步鸡"溯源脚环应用价值

(2) 智能脚环介绍。当鸡苗长到一定程度,农场工作人员在鸡脚上拴一个带溯源码的智能脚环,脚环自带锁扣,佩戴后锁死,不能二次使用。"跑步鸡"溯源智能脚环采用超低功耗、多功能物联网传感监测设备,数据采集精准,有效地解决了畜牧等农产品监控和追溯的行业痛点。智能脚环实现一鸡一码,全程溯源。扫描智能脚环上的二维码,获知生长过程全部信息。智能脚环内置运动传感器、计数器,鸡的运动量自动上传,记录到数据库中,提供给溯源系统。可根据实际需求定制智能脚环的功能、物理参数。"跑步鸡"喂养的时间更长,运动量更大,身体更健康,肉质更好。图 3-8 是"跑步鸡"的溯源脚环。

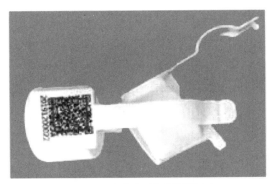

图 3-8 "跑步鸡"溯源脚环

（3）智能脚环系统组成。图 3-9 为智能脚环系统组成。

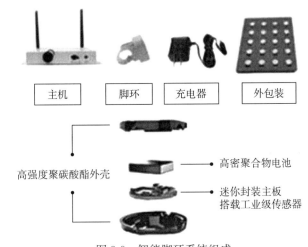

图 3-9 智能脚环系统组成

（4）"跑步鸡"系统框架。图 3-10 为"跑步鸡"系统框架。

智慧农场移动端

用户通过移动端实时接收云服务器阶段性更新的数据，实时查看家禽（牧）的成长状态。

溯源智能脚环

主机监测脚环的数据，实时监测数据实时更新，主机阶段性向云服务器上传存储的数据。

云服务器

云服务器实时传输监测到的生长周期、行动步数、地理位置等可视化数据。

图 3-10 "跑步鸡"系统框架

(5)"跑步鸡"脚环优势。图3-11为"跑步鸡"脚环优势。

实施记录真实数据
独立于养殖户的数据存储技术的数据加密算法，智能脚环记录的数据真实有效。

产品轻便功耗低
运用现有成熟的低功耗蓝牙技术，能耗低，且耐用。做到不影响数据准确采集和存储，整体方案便宜。

精准数据可溯源
根据动物体生物学特征和养殖流程，设计智能脚环的监测点，包括生长周期、所处位置、行动步数、上市、屠宰等数据的精准获取。

芯片可循环利用
脚环在完成一动物从出生到上餐桌的整个生命流程监测后，关键电子部分（传感器）可回收，经过数据归零及重新组装后重新编码使用。

图3-11 "跑步鸡"脚环优势

**2. "跑步鸡"养殖溯源** 图3-12为"跑步鸡"养殖溯源。

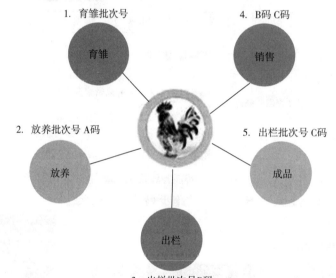

图3-12 "跑步鸡"养殖溯源

**3. "跑步鸡"育雏溯源** 图3-13为"跑步鸡"育雏溯源流程。

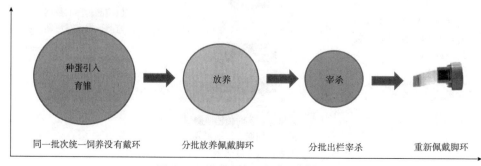

图3-13 "跑步鸡"育雏溯源流程

**4. "跑步鸡"销售溯源** 图 3-14 为"跑步鸡"销售溯源流程。

利用微信和移动电商平台与用户直接对接，实现田间到餐桌的全程可视化、可监管。

图 3-14 "跑步鸡"销售溯源流程

## 三、实践检验

### (一) 功能描述

高新兴物联研发团队通过研究禽类学、生物学、生物行为等，并结合物联网技术，设计了跑步鸡模拟器，用于模拟鸡在跑步时不同步频和步幅，并测试脚环在不同情况下步数的统计情况，实现脚环数据的采集和上传。

**1. 模拟鸡场环境，脚环能精准记录鸡的步数** 每台模拟器根据测试的要求绑定不同数量的计步脚环，其中脚环是高新兴物联自主研发、设计的专利产品。每只跑步鸡腿上都佩戴了脚环，根据禽类生物学特征和三轴加速度算法，脚环能精确记录鸡的运动步数，并让步数可见。

脚环还具备如下特性：
- 针对养鸡场灰尘多、水洼多这一特殊环境，脚环能防尘、防水。
- 采用了黄色外观，更符合鸡的视觉识别系统。
- 医用级硅胶材质胶套，对鸡零伤害。
- 脚环周长和鸡腿粗细完美吻合，不伤鸡脚不下滑。
- 抗汗、抗 UV、防止老化和变色。

**2. 云平台上监控每只鸡的状态——勤快还是懒散** 跑步鸡自动化测试环境可以进行设备管理、数据统计正确性及环境稳定性测试。测试环境能正确展示每个脚环的位置、上报的数据、数据实时刷新等，还能测试上千只脚环同时工作时数据的传输性能。通过测试环境，能对每只鸡的状态了如指掌。行走曲线明显不良的鸡只，会得到特殊的"照顾"。

### (二) 实践操作

在整个方案中，脚环通过内置的传感器和算法实现数据采集，通过 LORA/NB-IoT 低功耗物联网通信技术，将数据经由锚点和网关上传至远程云平台，如何确保整个过程数据传输的可靠性？

答：_____

### (三)学习心得

答：_____

## 四、课后任务

1. 了解京东"跑步鸡"项目中采用的数据通信方式。
2. 明确京东"跑步鸡"脚环的系统组成。

# 任务2  设计智慧水产养殖系统

## 一、案例导读

河蟹，学名"中华绒螯蟹"。繁衍期，河蟹成群结队从栖息的支流和湖泊迁移至长江口。传统的蟹季只有两个月，素有"农历九月母蟹最美，十月公蟹最肥"之说。市场上，一只 100 克的河蟹通常能卖到 25 元，而一只 350 克的河蟹的价格却可以高出 20 倍。在我国，河蟹已经成为利益最高的养殖项目之一。

自然江河里，一亩水面大约生长着 100 只左右的野生河蟹，但在同样面积的养殖水域，则至少是 600 只，对于人工养殖河蟹，这意味着食物短缺和氧气不足，饲养环境对于河蟹的生长十分重要。

图 3-15 至图 3-18 分别为水产养殖水域实景、水中华绒螯蟹养殖水域实景、水中华绒螯蟹和中华绒螯蟹打捞场景。

图 3-15  水产养殖水域实景

图 3-16 中华绒螯蟹养殖水域

图 3-17 水中华绒螯蟹

图 3-18 中华绒螯蟹打捞

一般而言，水产养殖的关键参数就是水温、光照度、溶氧、氨氮、硫化物、亚硝酸盐、pH 等，但这些关键因素既看不见又摸不着，很难把握。现有的水产管理是以养殖经验为指导，也就是一种普遍的养殖规律，既不可靠又效率低下，而物联网的出现，科学养殖却很好地解决了这些难题，提高了产量与品质，对于创下高的经济收益，势在必行。

智慧水产集智能监测、智能监控、智能控制、智能管理四大功能体系，图 3-19 为智慧水产体系功能框图。

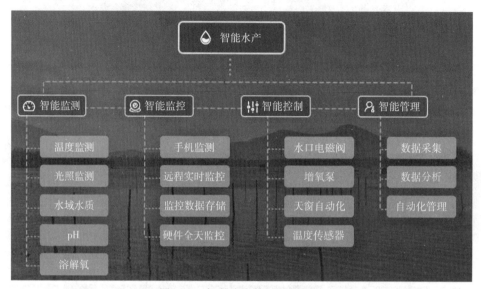

图 3-19　智慧水产体系功能框图

## 二、知识提炼

> **学习目标**
> - 了解水产养殖对环境的要求
> - 了解缺氧对水产养殖的危害
> - 掌握水产养殖环境监控系统控制流程
>
> **重点知识**
> - 水产养殖对水质的要求
>
> **难点问题**
> - 如何保证水产养殖水质的要求
> - 水产养殖环境监控系统工作原理

### （一）水产养殖水环境

养好一池鱼虾蟹，必须管好一池水。水质必须符合鱼虾蟹类生理要求并能满足生长繁殖所需。

(1) 执行标准。我国国家标准《渔业用水水质》(GB 11607—89) 及农业行业标准——无公害农业标准《淡水养殖水质标准》(NY 5051—2001)。主要指标：溶解氧一天中必须有 16 小时以上的时间大于 5 毫克/升，任何时间不得低于 3 毫克/升；酸碱度，即 pH 为 6.5～8.5；氨氮小于 0.6 毫克/升；硫化物小于 0.2 毫克/升。

(2) 控制方法。采用物理、化学和生物三种方法调节水质，为鱼虾蟹类健康生长创造良好水质条件。物理方法有使用增氧机、使用水质改良剂、合理换水，化学方法是使用化学改良剂，生物方法是使用微生物菌调节水质。

(3) 正确使用增氧机。遵循"三开两不开"原则。"三开"即晴天中午开机 2 小时左右：晴天中午开，阴天次日清晨开，连绵阴雨半夜开；晴天傍晚不开，阴雨天中午不开。

(4) 注意事项。根据养殖对象的特点，按照无公害水产品养殖标准调节水质，严禁使用国家规定禁用的药物和化学制剂。

## (二) 水产养殖环境日常管理

(1) 巡塘。坚持早、晚巡塘各一次，观察水色及鱼虾蟹类的活动、吃食情况，发现问题及时进行处理。

(2) 水质调节。4、5、9 月每 20 天注排水一次，每次为池水的 1/3；6、7、8 月 10～15 天注排水一次。使池水透明度不低于 30 厘米，用生石灰调节 pH，达到 7～8。

(3) 鱼虾蟹类疾病预防。养殖期内最好用微生物制剂防治鱼虾蟹类疾病，并对池水消毒。

(4) 保持水体供养。如果水体缺氧，鱼虾蟹类就会浮头，严重情况下甚至引起泛池死鱼虾蟹。池塘上下水层对流、水中溶氧量求大于供、"氧债"大、放养密度大等情况下容易引起水体缺氧。

## (三) 物联网水产养殖环境监控系统

物联网水产养殖环境监控系统简称水产养殖监控系统，是面向水产养殖集约、高产、高效、生态、安全的发展需求，基于智能传感、无线传感网、通信、智能处理与智能控制等物联网技术开发的，集水质环境参数在线采集、智能组网、无线传输、智能处理、预警信息发布、决策支持、远程自动控制等功能于一体的水产养殖物联网系统。该系统是"集约化水产养殖数字化集成系统"的重大成果。

养殖户可以通过手机、PDA、计算机等信息终端，实时掌握养殖水质环境信息，及时获取异常报警信息及水质预警信息，并可以根据水质监测结果，实时调整控制设备，实现水产养殖的科学养殖与管理，最终实现节能降耗、绿色环保、增产增收的目标。

物联网水产养殖环境监控系统的特色与创新如下。

(1) 选取传感器性价比高。所采用的溶解氧、pH、温度、电导率、水位、浊度等智能水质传感器均具有自识别、自校正、自补偿功能和通用数字串口，有良好的互换性，便于设备更新维护，且价格是国外产品价格的 1/10～1/6。

(2) 无线传感网络功耗低。无线传感网络具有组网灵活、超低功耗的特点，无线单跳通信距离不低于 500 米，通过无线中继与缓存技术，可覆盖 10 千米$^2$ 的养殖场范围。无线网络设备均为 3.0 伏电池供电，具有低电压、低功耗的特点，并由太阳能补充供电，免除布线，降低了设备成本，方便现场安装，适用于野外长期监控，并且节能降耗。

(3) 自动化水平高。系统集智能传感、智能处理和智能控制于一体。系统自动化水平高，监测精确，控制及时，能耗低。

(4)实时远程监控。系统提供手机短信遥控功能,并提供3G、4G手机视频监控接口,在任一有手机信号的地方都可实现远程监控。

(5)提供云计算服务。该系统提供云计算服务,特别适合大范围(可至区、县甚至省域)水产养殖的水体疫情、疫病、应急决策服务和养殖信息的咨询。

(6)水质修复。系统实现了与设施渔业技术、生态修复、健康养殖技术进行有机融合,对水质进行综合监控与修复,可以改善水产养殖环境,使水产品在适宜的环境下生长,增强水产品的抗病能力,减少和避免大规模病害的发生,从而有效提高了水产品的产量和质量。

(7)增效减污。系统所养殖品种规格变大,总产提高,同时减少水产养殖对周边水体环境的污染,具有显著的经济社会效益,适合大面积推广。

## 三、实践检验

### (一)功能描述

托普物联网水产养殖环境智能监测系统主要由中心主控计算机、手机、现场安装水温、光照度、溶氧、氨氮、硫化物、亚硝酸盐、pH等传感器,集采集数据、传输、控制于一体的监控终端、水产环境监测软件组成。在水质监测过程中,技术人员在目标水域设置溶解氧、水温、pH等传感器,对水产养殖各个阶段水质主要参数进行实时监测预警,一旦发现问题,能够及时自动处理或短信通知相关人员。用户也可以从水产养殖监控管理平台或设置在监测区的控制终端查看实时数据,根据数据记录对监测区域实施针对性管理,从而达到"养殖不下水"的效果。通过物联网水产养殖环境智能监测系统,河蟹养殖户还可以通过控制平台对各监测点水环境进行监控指导。

图3-20为水产养殖智慧化控制应用示意图。

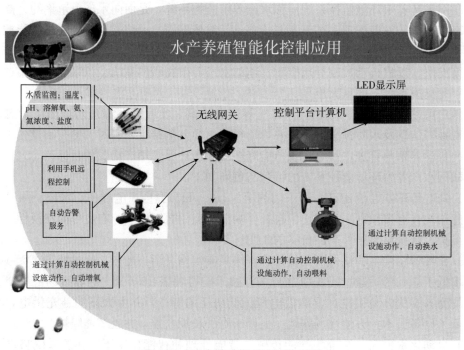

图3-20 水产养殖智慧化控制应用

图 3-21 为水产养殖采集数据传输示意图。

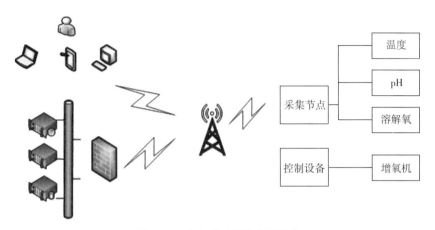

图 3-21　水产养殖采集数据传输

托普物联网水产养殖解决了养殖户对于中国绒螯蟹密集养殖的水环境问题，大大提高了蟹的存活率和生长速度，提高了经济效益，在养殖户获得丰厚报酬的同时，消费者们也吃到了膏肥味美的蟹宴佳肴。

图 3-22 为中华绒螯蟹烹饪。

图 3-22　中华绒螯蟹烹饪

## （二）实践操作

传统的鱼塘养殖户们每天都要 24 小时看管鱼塘，不仅要实时注意鱼塘的水温、光照度、湿度等问题，更重要的是，要时刻掌握好鱼塘水的溶氧值。现在，有了物联网技术的帮助，养殖户们在家中可通过电脑了解鱼塘的情况，不仅能测得具体数值，还能看到实时视频，更重要的是，可以对在鱼塘中的增氧设备实现远程操作，而不需要划船到水中央去开关增氧设备。

参照中华绒螯蟹水产养殖环境控制系统结构，设计一个鱼塘养殖环境控制系统，并绘制出系统结构图。

(三)学习心得

答：_____

_____

_____

## 四、课后任务

1. 了解水产养殖领域物联网主要监测的参数。
2. 了解物联网水产养殖系统主要系统构架。

### 单元小结

本单元以物联网在畜牧业和水产业中的典型案例介绍，阐述物联网技术在养殖业中的应用。物联网技术在设计上具有极大的弹性，通过数据层、通信层、应用层三大部分提高了技术应用的可扩展性。物联网技术在畜禽养殖上的应用，实现了应用系统间的无缝集成，克服信息孤岛，为安全、智能和高效的现代化养殖提供了技术支撑。

现代化养殖业的发展离不开物联网技术支撑，完善智慧养殖产业化体系，为现代化养殖业提供技术标准，促进物联网技术在养殖业的推广和普及，实现物联网技术助力科技扶贫和乡村振兴。

# 单元四 农产品追溯中的物联网技术

## 单元导学

2011年央视"3·15"晚会,"健美猪"真相的报道震惊全国。据"中国质量万里行"网站刊登的其联合央视独家暗访的报道称,河南孟州、沁阳、温县等地一些养猪场都在使用"瘦肉精"喂猪,这种所谓的瘦肉型猪,顺利进入屠宰场,卖到了知名企业。

历史又再次重演。2021年央视"3·15"晚会点名"瘦肉精羊"。沧州青县的养殖户在养羊过程中为了增加出肉率,多卖钱,在饲料中偷偷混入瘦肉精。吃了瘦肉精的羊,"一只多卖五六十元"。青县的"瘦肉精"羊已经流向多地,包括郑州、无锡、天津等地区(图4-1)。"菜篮子污染"问题越来越受到人们的关注。农产品安全的负面的形象,影响了消费者对于农产品质量安全的信心。

图 4-1 沧州青县瘦肉精羊

## 知识导图

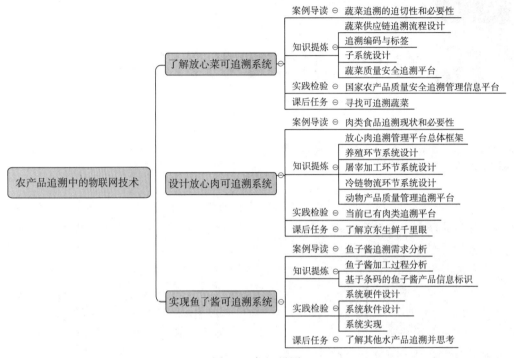

图 4-2　知识导图

# 任务 1　了解放心菜可追溯系统

## 一、案例导读

蔬菜是人们日常饮食中必不可少食物之一。我国是蔬菜种植和消费大国，近年来，我国蔬菜种植面积保持在 2 000 万公顷（3 亿亩）以上，全国居民人均鲜菜消费量保持 90 千克以上（《中国统计年鉴 2020》）。但由于农药的滥用和土壤重金属污染，蔬菜质量安全事件频发。因此，以实现蔬菜质量安全保障为目标，以"标准化生产、标识化追溯"为突破口，以生产企业—超市为主要应用模式，以物联网技术为载体，构建蔬菜质量安全追溯系统，是十分有必要的。图 4-3 为蔬菜质量安全追溯系统组成框图。

## 二、知识提炼

> **学习目标**
> 
> • 了解农产品溯源及关键技术

- 熟悉蔬菜产品的追溯过程

➤ **重点知识**

- 蔬菜追溯的实现过程

➤ **难点问题**

- 蔬菜追溯中的困难

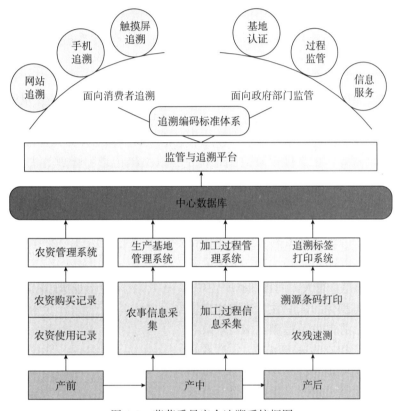

图 4-3　蔬菜质量安全追溯系统框图

## （一）溯源介绍

20 世纪 80 年代，欧盟为应对陆续爆发的农产品安全事故，开始引入可追溯制度。精准农业的发展以及环境要求，也推动了农产品溯源。随后，美国、加拿大、澳大利亚、日本等国也开始相关研究。纵观全球，世界主要农业发达地区都在积极建设农产品、食品追溯体系。今天我们就来了解一下，什么是追溯技术。

"可追溯性"作为风险管理的新理念，最初是由欧盟部分国家在国际食品法典委员会生物技术食品政府间特别工作组会议上提出的。目的是一旦发现危及人体健康安全问题时，可以根据从农田到餐桌全过程中各个环节所必须记载的信息，追踪流向，召回问题食品，以消除危害。会议上，"可追溯性"被定义为：食品、饲料、畜产品和饲料原料，在生产、加工、流通的所有阶段具有的跟踪追寻其痕迹的能力。该定义对供应链中各个阶段的主体做了规定，以保证可以确认以上各种原料的来源与方向；简言之，农产品质量安全可追溯涉及农产品从生产、加工、运输到最终销售等供应链上的各个环节（图4-4）。

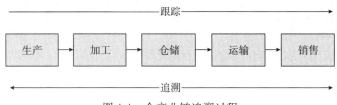

图4-4　全产业链追溯过程

而可追溯性的定义，和实际应用来看，农产品可追溯体系的实质是一种信息记录、传递和查询的体系。它通过记录全产业链的质量安全信息，利用物联网等信息技术实现信息的传递和追踪，进而加强食品和农产品质量安全监管，提高食品和农产品的质量安全。对于政府来说，建立农产品质量安全可追溯体系，可以掌握生产经营主体的农产品生产和销售情况，对问题农产品能够及时找到责任主体，查明原因，从而有效防范农产品质量安全问题发生。对于消费者来说，可以避免市场失灵带来的信息不对称问题。

农产品质量安全追溯的类型有很多，按照信息记录的方式划分为文件记录追溯系统和电子记录追溯系统（图4-5）。文件记录追溯系统是指以文档记录和管理为主要方式的追溯系统，其优点是成本较低，而且记录的信息容易修改，但是这种系统仅适合于规模和产量较小的企业，如果信息量较大，该系统将需要很长的时间和较大的存档空间。电子记录追溯系统是指运用电子手段进行追溯信息的记录和管理，这类系统的优点是可记录的信息量很大，而且准确度较高。

图4-5　按照信息记录方式分类

按照政府要求可划分为强制性可追溯和自愿性可追溯（图4-6）。强制性可追溯是指由于政府相关管理部门制定了相应的法律法规，生产者必须实施产品的可追溯管理，将其作为产品上市销售的必要条件。自愿性可追溯是指按照企业自身对于品牌、声誉和长远利益的需要，自主建立实施追溯管理，以提高产品的竞争力并获得消费者的信赖。

图4-6　按照政府要求分类

按照追溯范围可以划分为内部追溯和外部追溯（图4-7）。内部追溯是指单个企业内部对其生产的产品进行追溯管理，内容包括产品的成分、包装等，只在企业范围发挥作用。外部追溯是指按照整条供应链对各个环节的产品进行追溯管理，范围覆盖了产品从原料、生产、加工、运输到消费的全部环节，一般包括上游追溯和下游追溯。内部追溯一般由企业负责管理，外部追溯则一般政府或者一些行业组织主导。

图4-7　按照追溯范围分类

衡量一个追溯体系的好坏，一般从三个指标进行评价：追溯精度、追溯广度和追溯深度（图 4-8）。追溯精度是可以确定问题源头或产品某种特性的能力，广度是指追溯所涉及的范围，深度是指可以向前或向后追溯信息的距离。农产品质量追溯系统需要长期持续的应用，选择合理的追溯指标是追溯系统构建和能长期应用的关键。

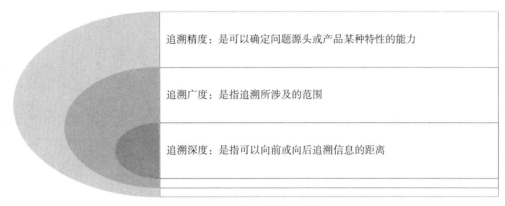

图 4-8　追溯系统衡量指标

### （二）关键技术分析

**1. 农产品编码技术**　编码是将事物或概念赋予一定规律性的、易于人或计算机识别和处理的符号、图形、文字等。它是人们统一认识、统一观点、交换信息的一种技术手段，为数据体系提供一种简短、方便的符号结构，使系统中的事物代码化、数据体系化，为数据记录、存取、检索提供了方便，提高数据处理的效率和准确性。

编码是实现追溯系统的基础。编码通过规定一组"规则"，实现供应链中各个环节上的责任主体采用统一的标识方法，方便和规范追溯信息的记录、存储和交换。因此，统一编码是实现农产品质量安全追溯系统的前提和基础，追溯编码的安全可靠则是农产品质量安全追溯系统全面实施的重要保障。

追溯码编码，要求具有唯一性、开放性、兼容性、简明性的特点。当前多采用 GS1 编码系统对农产品进行追溯编码。

美国统一代码委员会（UCC，于 2005 年更名为 GS1 US）于 1973 年创建了数字标识代码（UPC）。1974 年，标识代码和条码首次在开放的贸易中得以应用。继 UPC 系统成功之后，欧洲物品编码协会，即早期的国际物品编码协会（EAN International），于 1977 年成立并开发了与之兼容的系统，并在北美以外的地区使用。EAN 系统兼容 UCC 系统，主要用 13 位数字编码。2005 年 2 月，EAN 和 UCC 正式合并更名为 GS1，随着条码与数据结构的确定，GS1 系统得以快速发展，为在全球范围标识货物、服务、资产和位置提供了准确的编码服务（图 4-9）。

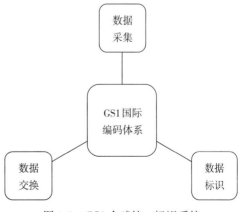

图 4-9　GS1 全球统一标识系统

GS1编码系统克服了厂商、组织使用自身的编码系统或部分特殊编码系统的局限性，提高了贸易的效率和客户的反应能力，在很多农产品质量安全追溯系统中都能看到他们的身影。

编码体系是整个GS1系统的核心，是对流通领域中所有的产品与服务（包括贸易项目、物流单元、资产、位置和服务关系等）的标识代码及附加属性代码（图4-10）。附加属性代码不能脱离标识代码独立存在。

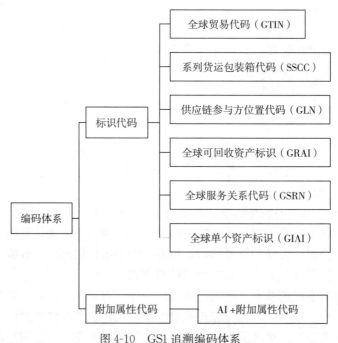

图4-10 GS1追溯编码体系

全球贸易项目代码（GTIN）：GTIN是为全球贸易项目提供唯一标识的一种代码（称代码结构），是编码系统中应用最广泛的标识代码。GTIN有四种不同的编码结构：GTIN-13、GTIN-14、GTIN-8和GTIN-12。这四种结构可以对不同包装形态的商品进行唯一编码。标识代码无论应用在哪个领域的贸易项目上，每一个标识代码必须以整体方式使用。完整的标识代码可以保证在相关的应用领域全球唯一。

系列货运包装箱代码（SSCC）：系列货运包装箱代码是为物流单元（运输或储藏）提供唯一标识的代码，具有全球唯一性。物流单元标识代码由扩展位、厂商识别代码、系列号和校验码四部分组成，是18位的数字代码。它采用UCC/EAN-128条码符号表示。

参与方位置代码（GLN）：对参与供应链等活动的法律实体、功能实体和物理实体进行唯一标识的代码。参与方位置代码由厂商识别代码、位置参考代码和校验码组成，用13位数字表示。法律实体是指合法存在的机构，如供应商、客户、银行、承运商等。功能实体是指法律实体内的具体的部门，如某公司的财务部。物理实体是指具体的位置，如建筑物的某个房间、仓库或仓库的某个门、交货地等。

**2. 标识技术** 农产品在包装方式、产品价值等方面存在着较大差异，采用不同的标识方式对农产品进行标识是追溯系统构建中信息流与实物流关联的基础。

（1）条码技术。条码技术起于20世纪中期，是集光、机、电、计算机为一体的电子与信息科学高新技术，是信息技术的基础，可以为信息的记录提供载体。条码技术主要是通过光电扫描设备等识别条形码，实现机器的自动识别和信息的快速录入以及数据处理，从而实现自动化管理。条码根据其编码结构和条码性质不同，可以将其分为一维条码和二维条码，一维条码的常用码制包括交叉二五码、三九码等，二维条码可分为行排列式二维条码和矩阵式二维条码，常用码制包括 QR 码、PDF417 码等。

二维条形码特点：
- 可直接显示英文、中文、数字、符号、图形。
- 储存数据量大，可用扫描仪直接读取内容，无须另接数据库。
- 保密性高（可加密）。
- 安全级别最高时，损污 50％仍可读取完整信息。

由于二维条码的这些特点，在农产品追溯系统中，通常采用二维条形码作为追溯码的载体，图 4-11 为追溯二维条码示例。

金典有机奶追溯二维码

带二维码的汝州市农产品追溯标签

图 4-11 追溯二维条码示例

（2）射频识别技术。由于条码技术只能采用人工的方法进行近距离的读取，无法实时快速地获取大批量的信息，因此一种非接触式自动识别技术——RFID 技术开始在质量安全可追溯系统中出现。RFID 基本原理是利用射频信号和空间耦合（电磁耦合或电磁传播）的传输特性，实现对物体的自动识别，不需要光学或者机械接触，无须人工干预，识别速度快、效率高，而且数据存储容量更大，可以更改并加密，在一些动物产品的质量安全追溯管理系统中也发挥着重要作用（图 4-12）。

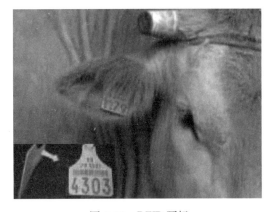

图 4-12 RFID 耳标

**3. 供应链各环节信息快速采集技术** 农产品供应链包括生产环境、物流环节、仓储环节等。要获取完整的追溯信息，就需要采集环境、操作和视频等信息。无线传感器网络（wireless sensor network，WSN）技术具有易于布置、方便控制、低功耗、灵活通信、低成本等特点，为生产环境信息的快速采集与实时监测提供了有效支撑。便携式设备具有成本低、普及率高、易于携带和使用、不受时空限制等优势，基于无线通信技术开发的便携式农事信息采集系统可提高采集效率、规范采集流程、减少采集误差。

**4. 定位技术**　农产品产地是农产品溯源系统的起点，也是消费者所关注的食品安全的一项重要内容。不同区域土质特性和气候的差异造就了许多区域特色农产品，这些特定区域农产品本身的较高品质，以及消费者对这些农产品的普遍信任，往往使其愿意支付比同类产品更高的价钱去购买。因此，需要有客观准确的追溯信息向消费者提供，确保其区域特色农产品的真实性。与此同时，农产品原产地信息，是农产品跟踪的起点和溯源的终点，是保证农产品流通链客观、完整的必要信息之一。全球定位系统是支持精密农业实践的重要科技手段之一。将卫星定位系统用于农产品溯源体系中，应用其精确定位的功能，实时、有效地为溯源体系提供客观地理位置信息，可以实现对在地理位置上对农产品的跟踪与追溯，提高农产品安全和监控的水平。

**5. 溯源数据交换与查询技术**　为了实现全供应链的追溯，在系统建设中需要建立溯源中心数据库，其数据来源于生产、加工、流通、销售等各环节，各环节采集的信息需要能与中心数据库进行数据交换。XML、JSON 等技术的自描述性、可扩展性及开放性等优点已使之逐渐成为信息表示和信息交换的标准，可很好实现不同平台和系统间的数据交换。随着追溯信息的不断丰富、追溯手段的不断完善，通过多平台快速查询和获取多源追溯信息是提高追溯系统应用的重要手段。

### （三）蔬菜供应链追溯流程设计

通过在生产基地应用农事信息采集系统，实现生产履历信息的快速采集与实时上传；通过在蔬菜加工过程应用蔬菜安全加工管理系统，实现蔬菜加工、包装过程的信息采集与管理；通过在配送中心应用农产品物流配送管理系统，实现车辆监控和物流调度；通过将供应链各环节数据汇集到食品质量安全管理部门，构建追溯平台数据库，利用条码扫描、触摸屏等多种方式的追溯，从而保障蔬菜的产品质量。图 4-13 为蔬菜质量安全追溯信息流转示意图。

### （四）追溯编码与标签

在分析蔬菜的个体属性、包装形式、生产方式基础上，当前的蔬菜可追溯系统多采用基于批次定义追溯编码方法，定义同一天收获的来自同一生产单元（地块或温室）、同一品种、同一等级的农产品为同一批次。例如考虑到可扩展性，追溯编码采用 24 位数字码，其中 6 位邮政编码＋4 位企业编码＋6 位产品编码＋6 位生产日期编码＋1 位认证类型编码＋1 位校验码。其中邮政编码根据企业所在位置查询生成；企业编码采用该邮政编码区域内流水编号；产品编码采用 2 位产品种类＋2 位产品名称＋2 位产品品种的方式；生产日期编码采用 YY/MM/DD 方式生成；认证类型若是有机转换期采用"0"，若是有机采用"1"；校验码采用 CRC 循环冗余码的方式产生。图 4-14 为追溯编码示例。

### （五）子系统设计

**1. 农事信息采集系统**　以手机或平板电脑为载体，开发农资管理系统和农事信息采集系统（图 4-15），采集农资信息和育苗信息、定植信息、施肥信息、防治病虫害信息、灌溉信息、收获信息等农事操作信息，并通过物联网传输技术，将相关信息上传至追溯平台数据

单元四
农产品追溯中的物联网技术

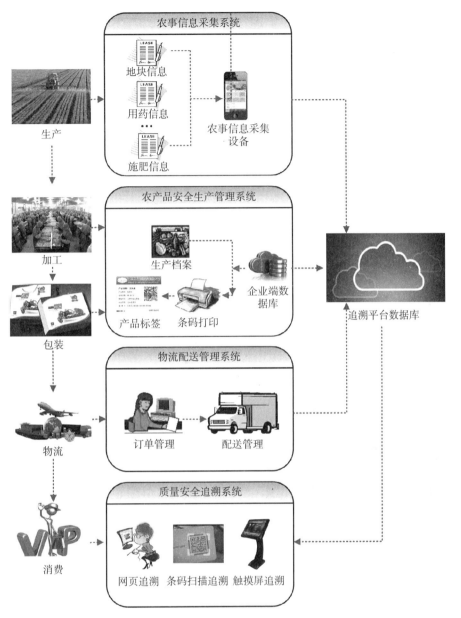

图 4-13 蔬菜质量安全追溯信息流转

库,实现种植阶段的追溯信息获取。

**2. 安全加工管理系统** 安全加工管理系统以农产品加工标准为基本框架,结合农产品加工流程,搭建农产品加工包装过程的质量安全管理系统。利用条码、RFID、无线通信等物联网关键技术,将加工、包装过程中的追溯信息采集到数据库中,进行加工过程管理和操作预警;产品包装或出厂时,通过二维条码携带追溯码,实现与流通环节的衔接。图 4-16 为加工管理系统示例。

**3. 农产品物流配送管理系统** 物流配送管理系统首先根据各个订货客户的城市远近或城市中的位置和道路交通状况以及送货地点的具体位置分配固定路线;然后根据具体路线上的商品特性及数量,由系统计算出需要的车辆、车辆上装载的商品、行车的先后顺序、司机

图 4-14　追溯编码示例

操作管理界面

新建记录界面

图 4-15　农事信息采集系统手机 App 端示例

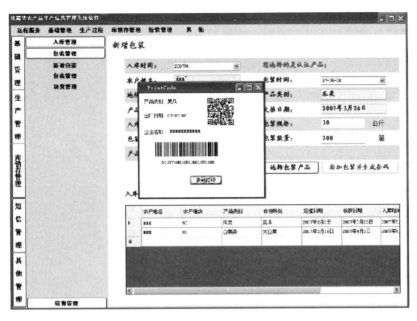

图 4-16 加工管理系统示例

等，选定最佳配送路线、配送频率和配送时间；配送车辆在配送途中可以利用传感器技术、GPS 技术或者短信网关，随时反映车厢环境状况、车辆在途状况，配送中心也可以随时向司机发出指令。当出现配送车辆路途拥堵，或者某一种或几种商品需求压力加大的情况时，能在配送系统实时反映出来。根据配送车辆所在的位置，进行运力调配；配送结束后，客户进行到达签收，送货人员将相关信息通过短信网关发送至中心服务器。图 4-17 为物流配送管理系统示例。

图 4-17 物流配送管理系统示例

### (六)蔬菜质量安全追溯平台

蔬菜质量安全追溯平台以溯源中心数据库为基础，以网站、超市触摸屏、手机扫描二维码为手段，实现不同条件下的产品溯源。消费者可通过不同平台扫描或输入产品追溯码，了解产品及供应链各阶段信息（图4-18）。

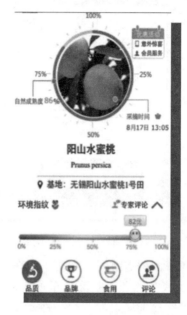

图4-18 手机扫码追溯结果示例

## 三、实践检验

### (一)实践操作

可以登录国家农产品质量安全追溯管理信息平台（网址 http：//qsst.moa.gov.cn/），了解当前实际应用的农产品追溯的实际成果，如图4-19所示。

图4-19 国家农产品质量安全追溯管理平台

(二)学习心得

答：_____

_____

## 四、课后任务

去超市找一找带有追溯条码的蔬菜，用手机扫一扫，看看追溯结果。

## 任务2　设计放心肉可追溯系统

### 一、案例导读

肉类食品是食品工业的重要组成部分，2019年我国全国居民肉类人均消费量达到了26.9千克（《中国统计年鉴2020》）。现今我国猪、牛、羊等畜牧养殖业快速发展的同时，滥用瘦肉精等质量安全问题仍有出现。此类问题根源主要在于畜牧养殖信息不透明，信息不通畅，导致有关部门无法全面监控肉类食品产业链，消费者难以获得真实、完整的信息。因此需要运用现代电子信息可追溯技术提高信息透明度，增强企业质量安全责任，减少肉类质量安全风险。

通过搭建放心肉质量安全全程监管可追溯系统，覆盖养殖、出栏、运输、屠宰全环节，实现肉产品质量安全全过程批次追溯；整合供应链中其他相关系统，实现内部追溯与外部追溯衔接，加强政府监管检测体系和企业内部质量控制体系建设，进一步确保肉产品质量安全，切实保障人民群众吃上"放心肉产品"。

我们把放心肉归纳为"三个放心"：一是放心渠道，即建立让消费者放心的消费环境；二是放心供应，即建立让消费者放心的市场供应保障体系；三是放心质量，即建立让消费者放心的肉品品质保证和问题可追溯机制。

### 二、知识提炼

> ● **学习目标**
> - 了解肉类产品和蔬菜产品追溯的异同点
> - 掌握肉类产品的追溯流程
>
> ● **重点知识**
> - 肉类产品追溯的实现过程
>
> ● **难点问题**
> - 肉类产品追溯与蔬菜产品追溯的区别和共同点

放心肉可追溯系统围绕肉类产品质量安全追溯、监管、检测三条业务主线，覆盖养殖、出栏、运输、屠宰四个业务环节，利用 RFID、条形码、无线通信、大数据、云平台等信息技术，根据国家政务信息资源交换标准、行业信息资源交换标准，建设符合放心肉质量安全全程监管可追溯系统的标准规范体系，搭建畜牧养殖管理、屠宰综合管理与质量安全监管、物流运输管理、云平台展示等多个子系统，并对养殖、加工、监管和追溯业务历史积累数据进行处理，形成业务数据库、非结构化数据库、信息资源支撑库、共享数据库等资源库，构建完成肉类产品质量安全监管追溯平台，实现肉类产品的质量安全监管与追溯。

### （一）放心肉追溯管理平台总体框架

在肉类养殖与屠宰加工过程中，通过采用物联网技术实现养殖与屠宰加工环境监控和养殖及屠宰加工过程信息采集和质量安全管理。通过集成环境控制系统，实现养殖间及屠宰加工环境的自动监控与调节；通过集成饲喂管理系统，实现精准饲喂与分级管理。借助电子识别设备，用 RFID 耳标来采集养殖和屠宰信息，并将信息传输到数据库中。肉品分割包装时，通过系统统一数据接口将数据传送到中心数据库，并通过条码打印控件打印一维和二维条码，实现肉类产品质量安全追溯。图 4-20 为系统总体框架。

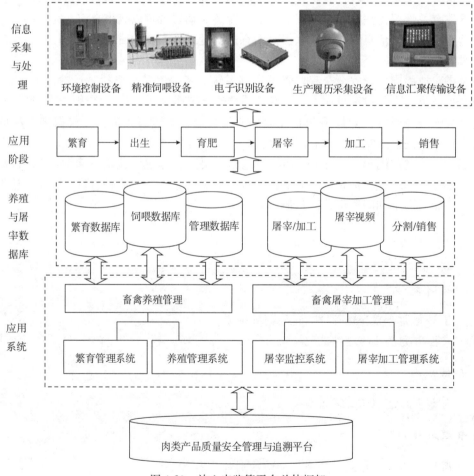

图 4-20　放心肉监管平台总体框架

## （二）养殖环节系统设计

**1. 繁育管理子系统**　对畜牧繁殖生产及系谱数据进行管理，包括养殖场信息、动物个体编号、系谱照片、个体资料（来源、品种纯度、三代系谱）等。建立以养殖场的基本数据和养殖档案数据为基础，对养殖场的购入种母（公）生猪/牛/羊、入栏、饲喂、疾病防疫、生产、流转、出栏等养殖流程进行数字化管理。

**2. 健康养殖管理子系统**　养殖过程中的畜牧动物标识采用二维码标和 RFID 双标系统，对动物养殖全过程进行管理，主要实现包括牲畜的入栏转群信息管理、饲喂信息管理、投入品管理、疫病防治与预警等功能（图 4-21）。

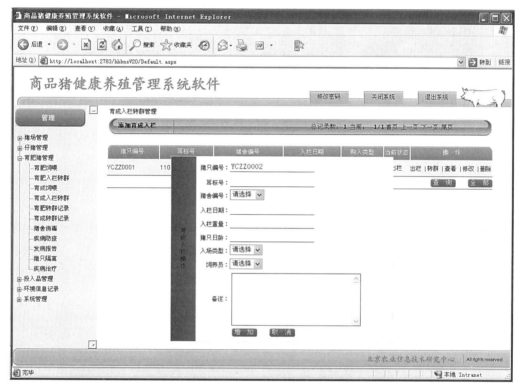

图 4-21　牲畜养殖管理系统示例（北京农业信息技术研究中心）

## （三）屠宰加工环节系统设计

屠宰加工管理系统提供屠宰和加工两个阶段的动物产品标识的识别、读写、转换及产品条码的生成和打印，以及肉产品的出入库管理等功能，实现标识从活体到胴体的转换（图 4-22）。在加工阶段，采用条码电子秤的无线局域网设计方式实现 PC 与电子秤的双向通信，主要将胴体的 RFID 标识读取并转换成最终产品包装的小标签，系统采用一维加二维条码标签的标识方式来标识最终包装肉品；加工包装好的肉品进入冷库储存。

## （四）冷链物流环节系统设计

**1. 运输管理系统**　运输管理系统实现在运输过程中对车辆、处理进度等进行远程监控和管理，提供的具体功能包括车辆远程位置追踪、车辆历史轨迹查询、车厢环境实时监控、处理任务安排、基于路线优化的车辆配载、处理任务状态查询。图 4-23 为运输管理系统结构框图，图 4-24 为运输管理系统示例。

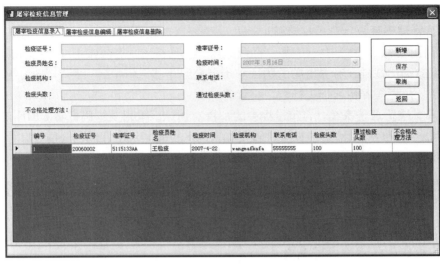

图 4-22 屠宰加工管理系统（北京农业信息技术研究中心）

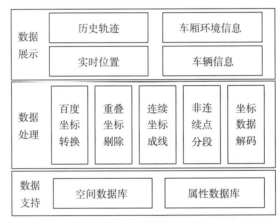

图 4-23 运输管理系统结构

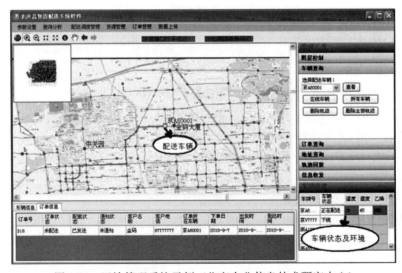

图 4-24 运输管理系统示例（北京农业信息技术研究中心）

**2. 冷链物流运输定位** 动物产品运输处理过程中，运输车定位系统通过一套软硬件系统实现车辆的远程实时监控管理。应用该系统，管理人员能够远程监控肉类产品运输车的实时位置、历史轨迹、车辆储存环境等信息，能够远程发布配载方案，调度车辆进行运输。运输人员能够实时了解本车的车厢温度湿度等储存环境参数信息，及时调整不利环境；系统为运输人员提供了待处理地址之间的最短路径参考及车辆实时位置显示，为运输过程提供了路径优化导航的功能；同时能够准确方便地记录已处理动物产品，系统自动将处理进度及待处理情况汇报给管理人员，并存档备案，简化了管理流程，实现了运输过程的全程记录。

运输监控设备由信息汇聚终端和运输环节监测节点组成，可以实现车辆内环境信息采集，以及车辆位置实时定位跟踪。信息通过 GPRS/4G/5G 实时传送至远程服务器，实现对车辆的远程监控和管理。图 4-25 为运输监控设备结构。

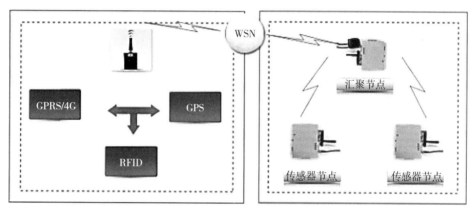

图 4-25 运输监控设备结构

### （五）动物产品质量管理追溯平台

以养殖和屠宰生产数据库为基础，以网站、超市触摸屏、手机为手段，实现不同条件下的产品溯源。消费者可通过不同平台，扫描或输入产品追溯码，了解肉类产品及供应链各阶段的质量安全信息。

**1. 网站追溯** 在产品编码与标签设计实现的基础上，消费者通过在网站上输入追溯标签上的产品追溯号，系统将产品信息、企业信息、环境信息、检测信息等显示在追溯结果页面，满足消费者不同程度的需求（图 4-26）。

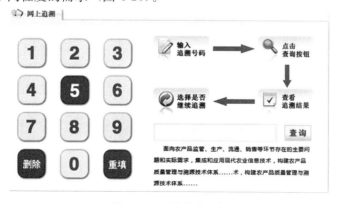

图 4-26 网站追溯示例

**2. 手机扫描追溯** 消费者可以使用手机扫描农产品包装上的二维条码，了解本产品的相关信息并访问追溯网站对产品进行追溯（图4-27）。

二维码识别　　　　　　扫描结果验证　　　　　　查看详细结果

图4-27　手机追溯示意图

## 三、实践检验

### （一）实践操作

当前，已有多个地区、厂商建立了猪肉追溯系统，可以登录这些追溯网址（图4-28和图4-29），了解当前肉类产品追溯的实际情况。

图4-28　南昌市肉类蔬菜流通追溯平台
（http：//www.ncrczsw.gov.cn/pages/site/index.aspx）

图4-29　中山市肉类蔬菜流通追溯管理平台
（https：//www.zszs.gov.cn/trace-city-platform-website/）

## （二）学习心得

答：_____

## 四、课后任务

仿照"京东生鲜千里眼追溯"（图 4-30）设计一个生鲜追溯系统，绘制系统结构图。

图 4-30　京东生鲜千里眼追溯

---

## 任务 3　实现鱼子酱可追溯系统

### 一、案例导读

鲟类鱼子酱富含蛋白质、维生素及微量元素，素有"黑色黄金"美誉。严格意义上只有鲟类的卵经过轻微盐渍才能成为鱼子酱（图 4-31）。由于鱼子酱的稀有性，CITES 规定鱼子酱的来源必须进行标记。2000 年，为了达到促进全球鱼子酱合法贸易的目的，同时让贸易中的合法鱼子酱易于被辨识，CITES 大会通过了 Conf. 12.7（Rev. CoPl3）号决议，该决议规定了用于鲟类鱼子酱贸易和鉴别的通用标签系统指南，要求对所有以商业和非商业为目的生产的鱼子酱进行标记，不论其是国内贸易还是国际贸易，其来源是野生还是人工养殖，都需要通过在鱼子酱容器上粘贴不能重复使用的标签的方式进行标记，标签上载有一组用于追溯鱼子酱来源的编码。此外，鱼子酱是一种高价格的食品，其价格与品质密切相关，消费者在购买的同时，期望生产者提供与产品价值对等的追溯信息。建立鱼子酱加工过程的追溯系统是十分有必要且可

图 4-31　鱼子酱实物

行的。下面以北京农业信息技术研究中心设计的一种鱼子酱加工过程追溯系统为例，介绍鱼子酱的可追溯系统建设。

## 二、知识提炼

> ● 学习目标
>   • 了解鱼子酱的追溯流程
> ● 重点知识
>   • 鱼子酱追溯中物联网技术
> ● 难点问题
>   • 如何实现鱼子酱加工过程的信息采集

### （一）鱼子酱加工过程分析

鱼子酱加工过程追溯可以定义为通过标识和记录对鱼子酱加工的历史、过程以及位置进行跟踪和追溯的能力。鱼子酱加工从原料入厂、鲟管理、杀鱼取卵、清洗盐渍，直至成品完成、销售，是一个完整的供应链。保证加工过程数据的完整性和连续性是实现追溯的根本。因此，搭建鱼子酱加工过程追溯系统，首先需要通过对关键工序的分析，获得鱼子酱加工过程生产数据流图（图 4-32），进而指导鱼子酱加工过程数据的采集和管理。

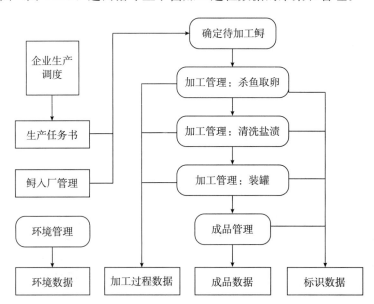

图 4-32 鱼子酱加工过程生产数据流

生产任务书和原料鲟管理数据作为源数据输入，根据生产任务书的要求和鲟入厂信息，确定待处理的鲟。进入加工过程后，对加工关键环节追溯信息的标识和采集，是实现追溯的关键。因此基于该鱼子酱生产数据流图，通过对加工工序和追溯目标的分析，确定加工过程追溯计划，如表4-1所示。在加工过程中，按照鱼子酱的加工步骤，共设6个信息采集点，如表4-1第1列所示。第3列、第4列为追溯系统在不同加工步骤下的基础追溯单元和所需采集的追溯信息。

表 4-1 鱼子酱加工过程追溯计划

| 采集点 | 加工步骤 | 追溯单元 | 追溯信息 |
|---|---|---|---|
| 1 | 接收原料：鲟和其他配料 | 鲟入厂批次<br>配料入厂批次 | 供应商、养殖地、质检报告、鲟品种、养殖年龄、接收日期、运输方、入厂批次 |
| 2 | 仓储 | 同采集点1 | 暂养池、暂养时间 |
| 3 | 加工鲟选取 | 鲟ID | 鲟品种、鲟入厂批次 |
| 4 | 杀鱼取卵 | 鲟ID | 鲟入厂批次、加工批次、鱼体重量、未加工鱼卵重量、生产日期、操作人员、环境温湿度、加工时间 |
| 5 | 清洗盐渍 | 鲟ID<br>配料入厂批次 | 配料入厂批次、加工批次、鱼卵盐渍后重量、盐渍配方、加盐量、操作人员、环境温湿度、加工时间 |
| 6 | 装罐入库 | 鲟ID<br>罐号（成品追溯码） | 配料入厂批次、加工批次、罐号、等级、颜色、净重、罐型、照片、操作人员、环境温湿度 |

### （二）基于条码的鱼子酱产品信息标识

信息标识是实现鱼子酱加工过程准确追溯的一项重要手段。条码技术为信息标识提供了良好的载体，不同的条码具有不同的特点。一维条码读取速度快，使用简单便捷，但存储内容较少，适合用于对物品的标识。二维码采用字节描述，存储数据量大，但识别过程复杂，识别速度较慢，适合于对物品的描述。根据两者的优缺点，结合车间鱼子酱加工过程管理和产品数据管理，本文采用一维条码在鱼子酱加工过程中对鲟ID进行标识，作为鲟加工过程信息采集的索引；一维条码和二维码结合的方式对追溯信息进行描述，通过输出至产品标签，作为追溯信息载体附着在成品上，其过程如图4-33所示。

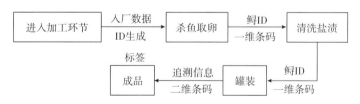

图 4-33 鱼子酱加工过程信息标识

**1. 过程标识** 鱼子酱加工追溯从原料鲟和配料的入厂开始，此时的追溯单元为原料入厂批次；进入加工环节后，通过为鲟个体建立唯一标识ID，实现以鲟ID为索引的追溯信息逐层采集，在整个鱼子酱加工过程中形成产品数据链。

鲟ID在鲟进入加工环节时生成，由鲟品种、养殖基地、加工日期、入厂批次和加工批次信息组成，这些信息在鲟进入加工环节时，由操作人员通过系统界面输入，并将其进行编码，由标签打印输出。鲟品种和养殖基地分别由1位16进制字符表示，加工日期由年月日6位数字表示，入厂批次和加工批次分别由2位16进制字符表示。

以2014年8月20日加工，来源于千岛湖养殖基地的一条杂交鲟为例具体说明鲟ID的编码过程：

品种：杂交鲟。对应编码：0。

基地：千岛湖养殖基地。对应编码：0。

加工时间：2014/8/20。对应编码：140820。

入厂批次：7。对应编码：07。

加工批次：29。对应编码：1D。

鲟 ID：00140820071D。

生成的鲟 ID 由标签打印机打印输出，附着在鱼体上。在进入之后的加工环节时，由条码扫描设备扫描，实现对鲟个体标识的读取，以关联各个加工环节所采集到的追溯信息（图 4-34）。该企业之前采用人工书写的方式，通过便利贴附着在鱼体上。应用条码标识方法后，很大提高了信息的采集传递速率。

原有记录方式　　　　　　含一维条码的标签　　　　　　条码信息读取

图 4-34　加工过程的鲟 ID 标识

**2. 成品标识**　CITES 的 Conf. 12.7（Rev. CoPl3）号决议规定了用于鲟类鱼子酱贸易和鉴别的通用标签系统指南，要求对所有以商业和非商业为目的生产的鱼子酱都需要通过在鱼子酱容器上粘贴不能重复使用的标签的方式进行标记，标签上载有一组用于追溯鱼子酱来源的编码，包含的内容有物种的标准代码、来源代码、原产国代码、收成的年份、加工工厂及出口商的官方注册代码以及序列标识号。

为了实现从鱼子酱成品到鲟单体的精准追溯，成品标签上除了包含该决议规定的内容外，还包括通过二维码方式输出的追溯网址和追溯编码。追溯编码由鲟 ID、装罐时间、批次和流水号组成。大部分情况下，一罐成品鱼子酱的来源是单个鲟，这种情况下，追溯码与鲟 ID 是一一对应的关系，实现从成品鱼子酱追溯到鲟单体。另外一种情况是，成品鱼子酱由两条鲟卵合并组成。这是由于前一条鲟卵的剩余量不足以装满一个成品罐，需要由另一部分鲟卵补充。这种情况下，该鱼子酱成品的追溯码就对应两条鲟 ID。为了保证追溯码长度的一致性，该追溯码中鲟 ID 部分由两个鲟 ID 异或得出（表 4-2）。

表 4-2　鲟 ID 与成品追溯码的对应关系

| 鱼卵来源 | 追溯码与鲟 ID 对应关系 |
| --- | --- |
| 单条鲟 | 追溯码＝鲟 ID＋鲟条数标识（0）＋罐号＋生产线代码 |
| 两条鲟 | 追溯码＝（鲟 $ID_1$⊕鲟 $ID_2$）＋鲟条数标识（1）＋罐号＋生产线代码 |

综上所述，将通用标签指南与条码标识技术相结合，将加工过程中有关鱼子酱质量的信息作为追溯的基本数据，按照追溯规则生成追溯码，并输出至鱼子酱成品标签。最终用户通

过条码扫描的方式，获取鱼子酱追溯信息。

## 三、实践检验

### (一) 功能描述

**1. 系统硬件设计** 为了完整地获得鱼子酱加工过程环境参数和追溯信息，实现加工环境参数的实时监控、加工信息的准确采集，利用温度传感器、湿度传感器、称重设备、计时装置、程控摄像头、触摸式控制器等设备，搭建鱼子酱加工过程信息跟踪监测硬件系统（图 4-35）。

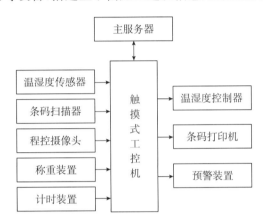

图 4-35 鱼子酱追溯信息采集系统硬件组成

触摸式工控机通过读取温湿度传感器数据对温湿度控制器发送操作指令，精准控制加工环境温湿度参数；条码扫描器负责读取加工过程中的鲟 ID，串联每个加工环节所采集到的数据，条码打印机负责各个环节数据至标识的输出；程控摄像头设置在装罐环节，实时采集鱼子酱装罐后的初始图像；称重设备在多个加工环节中应用，实现鱼体重量、鱼卵重量、加盐量等重量信息的采集；由于鱼子酱对加工时间有严格限制，所以由计时装置对加工时间进行计量和预警。所有采集到的参数实时反映当前加工状态，数据通过触摸式工控机传输给主服务器，存储在加工信息数据库，为追溯系统提供数据支持。

**2. 系统软件设计** 图 4-36 为鱼子酱加工过程追溯系统软件流程。

根据加工信息采集流程图可以看到，鱼子酱加工过程中的信息采集，按照加工工序分为以下步骤：

（1）杀鱼取卵环节。由操作人员输入鲟入厂信息和当前加工信息，生成鲟 ID，并将其通过打印装置以一维码的方式输出至标签，附着在盛放鱼卵的容器上，伴随产品整个加工过程。自动采集环境温度、环境湿度、加工开始时间、加工批次、鱼体重量、鱼卵重量数据，传输给计算机。

（2）清洗腌渍环节。采用条码扫描设备，读取鱼卵外部标签上的鲟 ID，自动获取当前 ID 在之前加工环节采集到的信息，并提供人机交互界面给操作人员，计算机通过控制系统，实现鱼子酱盐渍配方的自动选择、加盐量与腌制时间的自动计算，并将这些信息、当前鲟 ID 数据同步至云服务器。

（3）装罐打印环节。由条码扫描设备读取鱼卵外部标签上的鲟 ID。根据采集到的信息生成产品追溯码，打印产品标签。封罐之前由程控摄像头自动拍摄成品照片，照片自动命名

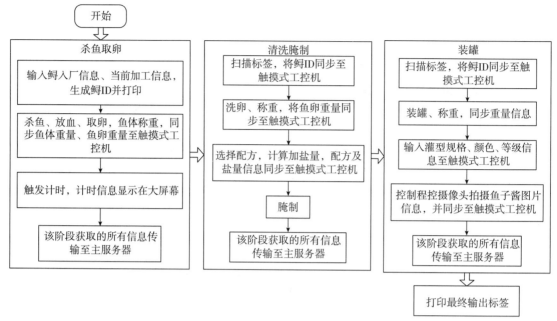

图 4-36 鱼子酱加工过程追溯系统软件流程

当前读取的鲟 ID，并存入计算机。

为了实现企业级应用要求，采用 C♯ 语言，以 Microsoft Visual Studio 2010 作为系统设计和开发工具对整个追溯系统进行开发（图 4-37）。

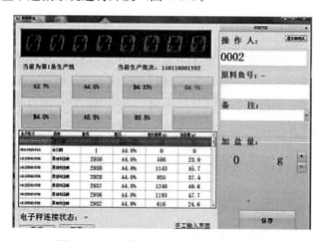

图 4-37 鱼子酱加工管理系统界面图示例

（二）实践操作

利用该追溯系统，生成追溯标签，将利用 QR 码输出，通过这串追溯码就能够得到鱼子酱的产地、品种、加工日期等一系列追溯信息（图 4-38）。

（三）学习心得

答：

鱼子酱追溯标签　　　　　　追溯结果

图 4-38　成品鱼子酱标签示例及追溯结果

## 四、课后任务

1. 找一找身边有没有其他水产品追溯系统的实际案例。
2. 思考一下：水产追溯相对于其他农产品追溯有哪些不同？

### 单元小结

本单元围绕农产品溯源中的物联网技术应用做了介绍，农产品溯源是塑造品牌形象中不可或缺的重要环节。农产品质量安全追溯系统包含整个智慧农业的全流程跟踪管理，贯穿了农产品生产基地管理、种植养殖过程管理、采摘收割、加工、储存、运输、上市销售、政府监管的各个环节，将采集到的信息即时传送到追溯平台，最终在追溯平台进行全流程的展现，实现"质量可监控，过程可追溯，政府可监管"，让群众放心食用，让政府宽心管理。

# 单元五 农业机器人中的物联网技术

## 单元导学

农业是人类衣食之源、生存之本,是一切生产的前提条件,它为国民经济其他部门提供粮食、副食品、工业原料、资金和出口物资。我国科技事业蓬勃的发展,极大地促进了农业生产力水平的提高,在知识经济迅猛发展的今天,科学技术在中国农业现代化建设中发挥着越来越大的作用。

从农业机械化到农业智能化,农业机器人(图5-1)正担当着当之无愧的主角。农业机器人通过智能感知、识别技术与普适计算等通信感知技术将农作物与物联网连接起来,进行信息交换和通信,以实现智能化识别、定位、跟踪、监控和管理等功能。可以全部或部分替代人或辅助人高效、便捷、安全、可靠地完成特定的、复杂的生产任务,不仅节省了人力成本,也提高了品质控制能力,增强了自然风险抗击能力。

图5-1 农业机器人实景

诸多科技公司正在从种植、植保、除草、收获、分选等环节努力改变传统农业生产方式,特别是过去需要大量人工的领域。由于劳动力短缺加上新冠肺炎疫情对外来务工人员和季节性工人的影响,以及消费者和立法对食品安全生产的需求,预计农业机器人的市场份额将会持续增长,据美国研究公司Tractica的一份报告预测,到2024年底,全球农业机器人的年出货量将达到6万台。

# 单元五
## 农业机器人中的物联网技术

### 知识导图

本单元学习内容围绕机器人技术在农业中的典型应用展开，涉及播种、植保、采摘和分选四个环节，图 5-2 为单元知识导图。

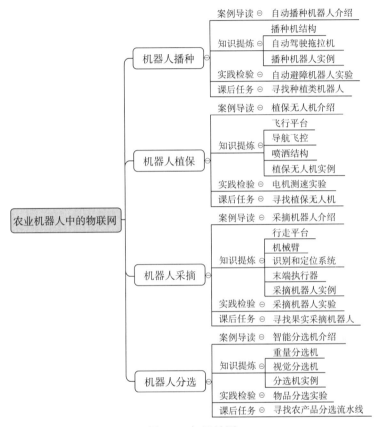

图 5-2　知识导图

---

## 任务 1　机器人播种

### 一、案例导读

我国是农业生产大国，人口基数和对农产品的需求量都极大，因此国家加大对农业的投入，提高农业机械化水平，完善农业基础设施，使农业朝着智能化的方向发展。智能机器人进行农田耕作，可以大大降低人工劳动强度以及生产成本，也可提高产业的循环率，解决农业生产劳动力资源不足等根本问题。美国 Prospero 农业智能播种机器人会自动优化播种的间距及深度，德国开发出一种气吸式小麦精量播种机，日本研制出多种农业机器人。我国农业机器人起步较晚，1978 年国内高校引进国外智能播种机器人进行研究并成功研制出新的播种机器人，为以后智能播种机器人的研究奠定基础。

2015年成立的丹麦 Agrointelli 公司，已经售出了多套 Robotti 机器人（图 5-3），Robotti 机器人左右两边各装配一台柴油发动机，中间由三点连接挂载系统，足够可以搭载达 3 米宽的各种农业工具，包括犁地整地、除草、农药喷洒、播种等。

机器人由计算机自主控制，并不依赖人类驾驶员，根据输入的指令自动规划路径和导航，机器人可以 24 小时不间断工作，配备了 RTK-GPS，机器人准确地知道它在哪里，以令人难以置信的精确度和精密度进行工作。

图 5-3　丹麦 Agrointelli 公司 Robotti 机器人

2018 年中期，中国一拖研发的东方红 LF1104S-C 型无人驾驶拖拉机（图 5-4）首次亮相。它具备在规定区域的自动路径规划及导航、自动换向、自动刹车、远程启动、远程熄火、自动后动力输出、发动机转速的自动控制、农具的自动控制、障碍物的主动避让和远程控制等功能，千米行驶误差不超过 3 厘米。

图 5-4　中国一拖东方红 LF1104S-C 型无人驾驶拖拉机

何时能见到大型无人驾驶拖拉机或农用载具机器人出现在田地中，这个过程可能还需要比较长的时间。实际上，许多无人驾驶技术，如 GPS、自动驾驶、光学雷达、自动转向等，都已实现并成熟很多年了，并且这些技术现在已经用于辅助驾驶，但由于法规配套和安全方面的考量，还有目前技术的成本因素，农用无人驾驶载具机器人从研究到大规模生产都相对滞后。

## 二、知识提炼

> ➡ **学习目标**
> - 了解种植类机器人的应用
> - 熟悉播种机器人组成结构
>
> ➡ **重点知识**
> - 播种机器人组成结构和工作原理
>
> ➡ **难点问题**
> - 无人驾驶导航

自动播种机通常包括自动驾驶平台和播种机械，自动驾驶平台负责规划路径、导航和进行人机交互，播种机械负责播种。田间作业环境比较复杂，不仅存在着大量的静态障碍物，还存在一些动态障碍物，因此需要机器人能够实现对障碍物的规避和自主导航。

### （一）播种机结构

播种机的作用大多是在播种现场镇压、开沟、开穴等整备工作完成之后，定量连续排出种子进行播种、覆土和镇压等作业。耕作和施肥同时进行的播种机，以及同时进行配垄、地膜覆盖或农药喷洒的播种机也很多。条播机（图 5-5）是对小麦、大豆、蔬菜、牧草的种子

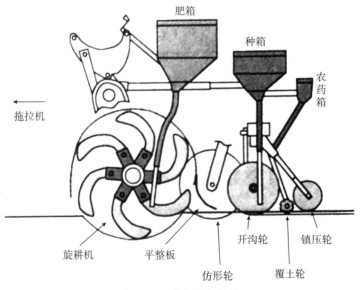

图 5-5  一种条播机结构
（［日］近藤 直.2009.农业机器人）

进行带状和线状条播的播种机，大多带有施肥装置和农药撒施装置，条播机装在自动驾驶拖拉机上，大多是耕作、播种和施肥同时进行，一次播种10行以上。

## （二）自动驾驶拖拉机

自动驾驶拖拉机一般由无人驾驶系统、动力电池系统、智能控制系统、中置电机及驱动系统、智能网联系统等部分构成，可以实现对机具控制、PTO线控（电控执行机构）、提升/耕深控制、定速巡航、无人驾驶、路径规划、整车状态监控等功能。

无人驾驶系统由差分基准站、远程遥控干预系统、车载农机无人驾驶系统、农机监测和信息管理系统等部分组成。它具备在规定区域的自动路径规划及导航（图5-6）、远程启动、远程熄火、农具自动控制、自动避障等功能。

图5-6　路径规划和导航示意图

在路径规划和导航中都需要用到定位，在定位技术中GPS-RTK采用了载波相位动态实时差分方法，在没有RTK时，使用GPS测量时要使用多台GPS接收机长时间接受GPS信号，回来后还要做相应的数据处理，才能得到GPS控制点坐标。这种作业方式不但费时，还要多台仪器多个人同时观测，费用大，需要人员多。有了RTK技术以后，情况大大改观，只需把GPS-RTK基站（图5-7）架设在一个已知坐标值的固定点上，并不断发射无线电信号，另外一台GPS接收机可以即时接收基站的信号，并和其构成一条基线，这样GPS接收机就可以进行实时观测，且精度能达到厘米级，测量速度快、精度高，只需一台GPS接收机和一个基站，人员也减少了，可以说是革命性的进步。

不过架设基站还是有点麻烦，所以现在发展固定的永久基站，即CORS（continuous operational reference system，连续运行参考系统），因为是固定且连续运行，使用更加方便，精度也更高，用户只需拿着GPS接收机，同时接受卫星和基站发来的无线电信号即可进行测量。现在中国很多城市都在发展CORS系统，比如广州、上海、北京、郑州、西安等都有自己的CORS系统，单CORS基站（图5-8）覆盖半径可达30～70千米。

图 5-7　GPS-RTK 基站

图 5-8　CORS 基站

### (三) 播种机器人实例

德国品牌 Fendt 展示了最新一代的 Xaver 田间机器人（图 5-9），新的 Xaver 机器人有 3 个轮子，而非 4 个轮子，并配备了圆盘播种设备。它被视为大型 Fendt 农业机械未来技术的开发平台。Xaver 机器人确保更小的地面压力、更低的能源消耗、无噪声运行和减少有害气体的排放。田间机器人还可以有效降低劳动力成本，减轻劳动力短缺压力。

Xaver 现在配备了 20 升的圆盘种子播种机（图 5-10），可以装载大约 0.5 公顷土地的种子，而每公顷大概需要 9 万粒种子。单个谷物种子由电驱动系统以厘米级的精度按距离播种。

图 5-9 Xaver 田间机器人

图 5-10 Xaver 圆盘种子播种机

在未来，Xaver 田间机器人还将配备传感器以测量土壤水分、土壤温度、有机质含量和植物残留量，来确定种子的正确深度。这个三轮机器人的后轮在中间，除了驱动机器人外，还起到了在播种时封土的作用，但它对土壤压力很小。

Xaver 田间机器人使用更大尺寸的车轮，提供了更大接触面、更高离地间隙和更精确的深度控制。它的单一后轮能够转向，可以全轮驱动。通过在两个前轮上放置轮重，机器人的最大负载重量高达 250 千克，而其空重只有 150 千克。

机器人备有 48 伏锂离子电池，分别是 1.8 千瓦时或 2.6 千瓦时两种版本。每个轮子的功率是 400 瓦，而每次充电足以支撑一次清空一个种子仓，然后返回充电站。只要 40 分钟，电池就可以充满。

开发 Xaver 田间机器人的目的主要是研究以后可应用于大型机械的智能系统，其中一个系统是 OptiVizer 算法。这种算法优化了 Xaver 的路径规划，并建议正确的路径，使其不会与另一个机器人相撞，每个机器人在田间都有自己的空间，一旦确定正确的路径后，机器人轮流进入田间，在指定的部分运行，如果一个机器人出了故障，另一个机器人会自动接管并完成工作，多台 Xaver 田间机器人可以很好地协同工作（图 5-11）。

Xaver 根据 MQTT 协议通过 SIM 卡将数据发送到 Fendt One 应用程序中的 Xaver 机器人页面，因此可以从任何位置实时跟踪。MQTT 是物联网（IoT）的 OASIS 标准报文传送协议，非常适合于使用少量代码和最小的网络带宽连接远程设备。

图 5-11　Xaver 田间机器人协同工作

## 三、实践检验

### （一）动手实践

使用物联网实训室的机器人套件制作一台四驱车，车前安装超声波传感器，编写程序让四驱车能够自动躲避障碍物，展示制作的模型，讲解程序，演示避障效果。

### （二）学习心得

答：_____

_____

_____

## 四、课后任务

查阅资料，写一篇某种种植类机器人的总结报告，报告应包含应用场景介绍、主要组成结构和工作原理、实际应用效果。

---

# 任务 2　机器人植保

## 一、案例导读

推广植保无人机的应用，不仅可以避免喷洒作业人员暴露于农药的危险，保障喷洒作业的安全，也节约了水资源，改善了农田环境，大大提高了农业生产的效率，因此这一全新的作业模式越来越受到农户们的欢迎，表 5-1 为人工作业与植保无人机的比较。

表 5-1　人工作业与植保无人机比较

| 比较项目 | 人工作业 | 植保无人机 |
|---|---|---|
| 耗水 | 600 升/公顷 | 节约用水近 90% |
| 药效 | 利用率 10% 左右 | 节约农药 30%~50%，效率高，喷洒及时、雾化均匀 |

(续)

| 比较项目 | 人工作业 | 植保无人机 |
|---|---|---|
| 工作效率 | 3.3公顷/日 | 40~46.7公顷/日 |
| 安全性 | 皮肤接触农药易发生中毒事件 | 操作人员远离农药,安全系数高 |
| 时效性 | 虫病灾害爆发情况下难以满足要求 | 效率高,能够有效应对突发性农作物虫病灾害 |
| 便利性 | 简单培训即可上手,适合各种情况 | 需要专业飞控手操作,适合绝大多数农田 |
| 作业价格 | 150元/公顷 | 120元/公顷 |

日本粮食作物以水稻为主,不同于旱地,稻田特殊的环境使得地面装备行走困难,加之地形结构原因,无人机在日本占尽了优势。日本植保无人机的研制工作始于20世纪80年代。到了1991年,日本农林水产省出台政策,推广植保无人机在稻田中的应用,植保无人机在日本迎来了有利的大环境,大量植保无人机企业诞生。日本耕地面积小,对无人机依赖性大,无人机民用化水平更高,普及率也更广,拥有成熟的机型和健全的市场,同时服务体系完善,其代表机型RMax能够完成定高飞行和定速飞行,傻瓜式操作,降低了操作难度,质量安全可靠。Yama-ha公司的农用无人机(图5-12)是世界上出货量最大、市场份额最高的产品,使用成本2 400元/公顷,市场占有率达到60%以上。

图5-12  日本Yama-ha公司的RMax植保机

美国是农业航空应用技术较为成熟的国家之一,已形成较完善的农业航空产业体系,据统计,美国农业航空对农业的直接贡献率为15%以上。目前美国拥有农用航空相关企业2 000多家,年处理40%以上的耕地面积,全美65%的化学农药采用飞机作业完成喷洒,其中水稻施药作业100%采用航空作业方式。国家大力扶持农业航空产业的发展是美国农业航空发达的重要原因之一。美国从20世纪70年代就开始研究航空喷施作业技术参数的优化模型,美国国会通过了豁免农用飞机每次起降100美元的机场使用费的议案,2014年白宫的预算中继续投入73亿美元支持该议案,以降低农业航空作业的成本。

## 二、知识提炼

> **学习目标**
> 
> - 了解植保类机器人的应用

- 熟悉植保机器人的组成结构

○ **重点知识**

- 植保机器人组成结构和工作原理

○ **难点问题**

- 植保机器人飞控原理

农业植保无人机（图5-13）由飞行平台（多轴飞行器）、导航飞控、喷洒机构等部分组成，通过地面遥控或导航飞控来实现喷洒作业。

图5-13 一种植保无人机

## （一）飞行平台

飞行平台动力系统主要包括电机、电调、螺旋桨以及电池。

电机[图5-14（a）]指将电能转化为机械能的一种转换器，由定子、转子、铁芯、磁钢等部分组成。无人机的电机主要以无刷电机为主，通过螺旋桨旋转产生向下的推力。

电调[图5-14（b）]指电子调速器，其主要作用就是将飞控板的控制信号转变为电流的大小，以控制电机的转速。

螺旋桨[图5-14（c）]是指将电机转动功率转化为推进力或升力的装置。

无人机上的电池[图5-14（d）]一般是高倍率锂聚合物电池，其特点是能量密度大、重量轻、耐电流数值较高。

农业植保无人机采取旋翼设计，这是最初的飞机升空设计，四旋翼和六旋翼无人机一般都用于植保机械，旋翼的基本理论是空气动力学的一部分，多旋翼无人机也是由电机的旋转，使螺旋桨产生升力而飞起来的。比如四旋翼无人机，当飞机四个螺旋桨的升力之和等于飞机总重量时，飞机的升力与重力相平衡，飞机就可以悬停在空中了。当升力之和大于无人机总重量时，无人机能够向上飞起。

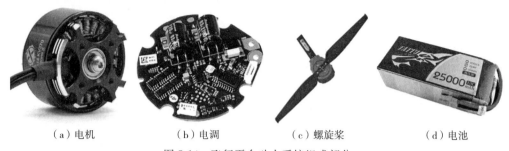

(a）电机　　　　（b）电调　　　　（c）螺旋桨　　　　（d）电池

图 5-14　飞行平台动力系统组成部分

## （二）导航飞控

植保无人机飞控（图 5-15）相对于消费级无人机飞控来说，各项技术要求更多：

（1）稳定性强，环境适应性良好。

（2）按航路行径中保持相对作物高度不变。

（3）抗磁干扰性能高。

（4）对障碍物进行自动规避。

（5）飞控能根据地面站规划好的航线进行自主巡航。

（6）地面站可以实现一对多，即一站多机，以最少的人手实现更高的效率。

四旋翼飞行器通过遥控器将信号传递到传感器和电调来调节 4 个电机转速，从而改变旋翼转速，实现升力的变化，控制飞行器的姿态和位置。

图 5-15　一种植保无人机的飞控单元

飞控主要功能：

（1）支持全程自主飞行，可根据预先测绘的航线与设置的飞行参数，实现一键起飞，按照预定航线自动飞行以及自动降落，无须摇杆操作。

（2）针对不同作物和作业环境，设定飞行速度和喷洒流量，确保精准喷洒，单位面积用量恒定，并支持避障停喷、断点续喷。

（3）支持不规则地块的快速测绘，自动完成航线规划，并根据作业需求，预设飞行和喷洒参数。

（4）RTK 定位技术为农田测绘、无人机飞行提供厘米级的高精度定位，同时具有强大的抗磁干扰能力，保障无人机在高压线、矿区等强磁干扰环境下也能稳定飞行。

(5）提供基于 GNSS RTK 精确定位的航线避障功能，可在测绘阶段标识出障碍物，并自动生成避障航线，保证飞行安全。

(6）针对形状复杂的农田边界，提供基于 GNSS RTK 精准定位的自动扫边功能，保证作业效果，无须人工补扫。

### （三）喷洒结构

喷洒系统包括药箱、继电器、电动泵（图 5-16）、药液管和喷头。继电器与电动泵连接，用于控制电动泵开关。电动泵通过药液管与喷头组连接，喷洒控制信息输出接口与继电器连接，飞控处理单元依据是否到达喷雾区域进行继电器开关的控制，从而控制电动泵是否进行喷雾作业。

图 5-16　一种植保无人机的水泵

### （四）植保无人机实例

**1. 极飞 XP2020 型植保无人机**　极飞 XP2020 型植保无人机（图 5-17）集智能播撒、精准喷洒于一体，可灵活搭载不同容量的作业箱，通过手机或智能遥控器，在所有地形条件下轻松高效地开展播种、撒肥、施药和投饲工作，相比遥控植保无人机，高度智能化的 XP 系列可以节省一半以上的人力成本，并且大幅度减少因人工操作失误导致的重喷、漏喷甚至飞行事故。XP 系列依旧采用高效能 4 旋翼设计，作业载荷达到 20 千克，全新动力系统配合

图 5-17　极飞 XP2020 型植保无人机

101.6厘米螺旋桨让风场更稳定，喷洒更广、更均匀，螺旋桨产生的垂直气流可以携带药物穿透农作物叶片，进一步提高着药率和吸收效果，智能离心雾化喷洒系统，喷洒流量大，雾化颗粒范围更广。以水稻飞播为例，一台极飞XP系列农业无人机能够完成超过6.67公顷/时的水稻播种，是人工播种效率的80倍。表5-2列出的为极飞XP2020型植保无人机具体技术参数。

表5-2 极飞XP2020型植保无人机技术参数

| 指标 | 参数 |
| --- | --- |
| 外形尺寸 | 2 195毫米×2 210毫米×552毫米 |
| 整机质量 | 裸机质量19.27千克（不含电池及作业箱） |
| 防水等级 | 整机IP67（含电池） |
| 最大有效起飞重量 | 48千克（海平面附近） |
| 悬停精度（GNSS信号良好） | 启用RTK，水平±10厘米，垂直±10厘米 |
| 作业时间 | 10分钟（正常作业至喷洒结束） |
| 最大飞行速度 | 12米/秒（GNSS信号良好） |
| 喷幅 | 精喷4.5米，快喷7.0米 |
| 感知方式 | 毫米波成像，多发多收 |
| 感知范围 | 1～30米 |
| 定高范围 | 1～30米（距离作物表面相对高度） |
| 控制系统 | 自动驾驶 |
| 控制方式 | 手动或自动 |

**2. 大疆T20型植保无人机** 大疆T20型植保无人机（图5-18），药箱容量20升，作业效率可达12公顷/时；4通道独立流量控制，喷洒更均匀；智能泄压阀，排气更便捷；全向数字雷达可360°重建三维场景，识别电线、树枝等障碍物，不受灰尘水雾影响，自主避障绕行；无论白天黑夜，保障作业安全；搭载高精度定位模块的智能遥控器，可厘

图5-18 大疆T20型植保无人机

米级精度规划地块；一键起飞，全自主喷洒作业；一控多机，效率翻倍；搭配全新播撒系统，可均匀播撒种子、肥料等固态颗粒。采用IP67防护设计，可全身冲洗，机身折叠，方便搬运；配合精灵4多光谱版，自主采集图像，通过大疆智图生成农田处方图，可依据作物生长状态针对性作业，节水省药。搭配精灵4RTK与大疆智图，对农田场景进行三维建模及AI识别后，可进行多场景自主作业。面对厚冠层的果树，可定点喷洒作业，提升渗透效果；针对等高线分布的果树，可自由航线作业，节电省药；对于树高林密的山林，可连续喷洒作业，安全省心。表5-3为T20型植保无人机具体技术参数。

表5-3 T20型植保无人机技术参数

| 指标 | 参数 |
| --- | --- |
| 外形尺寸 | 2 509毫米×2 213毫米×732毫米 |
| 整机质量 | 21.1千克 |
| 最大有效起飞重量 | 47.5千克（海平面附近） |
| 悬停精度（GNSS信号良好） | 启用D-RTK，水平±10厘米，垂直±10厘米 |
| 最大飞行速度 | 10米/秒（GNSS信号良好） |
| 喷头数量 | 8 |
| 有效喷幅 | 4～7米 |
| 高度测量范围 | 1～30米 |
| 定高范围 | 1.5～15米 |
| 山地模式最大坡度 | 35° |
| 避障系统可感知距离 | 1.5～30米 |
| 避障方向 | 水平方向全向避障 |

## 三、实践检验

### （一）动手实践

使用物联网实训室的机器人套件制作一台无人机模型，要求安装4个直流电机，每个电机都安装码盘，使用电位器控制电机转速，编程测量4个直流电机的转速并通过串口显示出来。

### （二）学习心得

答：_____

_____

_____

## 四、课后任务

查阅资料，写一篇某种植保无人机的总结报告，报告应包含应用场景介绍、主要组成结构和工作原理、实际应用效果。

## 任务 3　机器人采摘

### 一、案例导读

果蔬采摘是农业生产中季节性强、劳动强度大、作业要求高的一个重要环节,研究和开发果蔬采摘的智能机器人技术对于解放劳动力、提高劳动生产效率、降低生产成本、保证新鲜果蔬品质,以及满足作物生长的实时性要求等方面都有着重要的意义。对于机器人来说,采摘的难度在于:果实的大小、颜色、形状都不尽相同,还可能被叶片遮挡,机器人如何到达果树边,如何将枝叶拨开,如何判断是否采摘,用什么方式和力量,在不损伤水果的情况下将它摘下来。图 5-19 所示就是一种苹果采摘机器人。

图 5-19　一种苹果采摘机器人

早在 20 世纪,国外就开展了对苹果采摘机器人的研究,但是当时由于各种硬件设备的落后,大多数并没有产生太大的进展性的应用,随着科学技术的进步,国内外涌现出了一批研究成果,日本对农业机器人研究较多,取得了若干成果,如柑橘采摘机器人、番茄采摘机器人、葡萄黄瓜采摘机器人等,图 5-20 是日本久保田番茄采摘机器人。

图 5-20　日本久保田番茄采摘机器人

20 世纪 90 年代中期,我国开始接触农业采摘机器人领域,与发达国家相比,我国起步有点晚。虽然我国起步较晚,但是不少院校、研究所一直致力于智能农业机械的开发。沈阳自动化研究所研制了一种番茄采摘机械手（图 5-21），此机械手是一种四指机构，在机械手上带有一个由气泵驱动的复合形式的真空吸盘，其具有吸附果实的功能。

图 5-21　沈阳自动化研究所番茄采摘机械手

## 二、知识提炼

> **学习目标**
> - 了解采摘类机器人的应用
> - 熟悉采摘机器人的组成结构
>
> **重点知识**
> - 采摘机器人组成结构和工作原理
>
> **难点问题**
> - 采摘机器人的工作原理

目前的果蔬采摘机器人一般可分为行走平台、机械臂、识别和定位系统、末端执行器等四大部分，图 5-22 为采摘机器人的结构。

### （一）行走平台

因为果实生长的植株是固定的且存在空间的随机分布性，所以机器人在采摘果实时需要主动接近并准确定位目标，这就要求机器人有自己的行走平台。移动式采摘机器人的行走平台有车轮式、履带式和人形结构，其中车轮式应用最广泛。车轮式的行走平台转弯半径小、转向灵活，但轮式的结构对于松软的地面适应

图 5-22　采摘机器人结构

性较差，会影响机械手的运动精度，一般番茄采摘机器人会使用轮式行走平台。而履带式的行走机构对地面的适应性较好，但由于其转弯半径过大，转向不灵活，目前只有葡萄采摘机器人使用履带式行走平台。对于西瓜等作物的藤茎在地面上的果实，使用上述两种行走装置显然不适合。行走平台的设计必须保证机器人运动平稳和灵活避障。荷兰开发的黄瓜收获机器人以铺设于温室内的加热管道作为小车的行走轨道。日本等尝试将人形机器人引入到移动式采摘机器人中，但这种技术目前还不成熟，有待进一步的研制开发。采用智能导航技术的无人驾驶自主式小车是智能采摘机器人行走部分的发展趋势。

### （二）机械臂

机械臂又称操作机，是指具有和人手臂相似的动作功能，并使工作对象能在空间内移动的机械装置，是机器人赖以完成工作任务的实体。在采摘机器人中，机械臂的主要任务就是将末端执行器移动到可以采摘的目标果实所处的位置，其工作空间要求机器人能够达到任何一个目标果实。机械臂一般可分为直角坐标、圆柱坐标、极坐标、球坐标和多关节等多种类型。多关节机械臂又称为拟人（类人）机器人，相比其他结构，要求更加灵活和方便。机械臂的自由度是衡量机器人性能的重要指标之一，它直接决定了机器人的运动灵活性和控制的复杂性。果蔬采摘机器人往往工作于非结构性环境中，工作对象常常是随机分布的，因此在机械臂的设计过程中，必须考虑采用最合理的设计参数，包括机器人类型、工作空间、机械臂数量、机器人结构方式等。机械臂越多，机构越灵活，但控制也越复杂，消耗的时间也越多，必须在系统数量和性能之间进行平衡。评价机械臂的结构性能参数主要有工作空间、可操作度、位置多样性和冗余度等。为了设计出最合适的操作臂机构，还必须进行机构的运动学和动力学研究，同时还要考虑其运动平衡性能，综合优化算法设计，使机器人能灵巧无碰撞地完成采摘任务。

### （三）识别和定位系统

果实的识别和定位是果实采摘机器人的首要任务和设计难点，识别和定位的准确性关系到采摘机器人的工作效率。

采摘机器人视觉系统的工作方式：首先获取水果的数字化图像，然后再运用图像处理算法识别并确定图像中水果的位置。由于环境的复杂性，有时需要利用多传感器多信息融合技术来增强环境的感知识别能力，并利用瓜果的形状来识别和定位果实。

目前的采摘机器人视觉系统在环境比较规则的情况下能取得比较好的效果，但在自然环境下的应用仍需要进一步的研究。这需要研究出有效、快速的算法，将果实分辨出来。在目前这种技术还不是很成熟的情况下，可采用人工辅助选择目标和定位。

### （四）末端执行器

末端执行器是果蔬收获机器人的另一重要部件，通常由其直接对目标水果进行操作。因此，需要满足各种不同的规则，以便切除水果并确保水果质量。末端执行器的基本结构取决于工作对象的特性以及工作方式。末端执行器必须根据对象的物理属性来设计，包括数量形状（手指的数量和形状的设计与所要采摘的果实密切相关。一般而言，手指的数量越多，采摘效果越好，但控制也越复杂。所以，在设计时，应该在手指的数量、控制的难度及抓取的成功率上找到平衡点）、尺寸和动力学特性（如抓取力、切割力、弹性变形、光特性、声音属性、电属性等），水果的化学和生物特性也必须考虑。

末端执行器的性能评估指标应包括抓取范围、水果分离率、水果损伤率、采摘的灵活性以及速率等。传统的末端执行器主要采用旋转拧取或机械切除方法将果实从植株上脱离,其性能一般较差,对果实和植株都有一定的损伤。目前,还出现了激光切割、高压水喷切等新的水果分离技术。荷兰农业环境工程研究所在研究黄瓜收获机器人时,发明了一种新的双电极切割法,利用电极产生的高温来切除果实。该方法不仅易于采摘果实,而且可以防止植物组织细胞细菌感染,还可以减少果实水分损失,减慢果实熟化程度。美国俄亥俄州立大学开发了一种由四手指机械手和一个机械手控制器组成的末端执行系统,能够很好地抓持和采摘果实,灵活轻巧,采摘成功率有明显的提高。

### (五)采摘机器人实例

**1. 苹果采摘机器人** 新西兰果蔬集团宣布将使用 Abundant 机器人(图 5-23)采摘苹果。目前该机器人已能在夜晚借助人造光源完成摘苹果的操作,因此可以 $7 \times 24$ 小时不间断进行工作。

图 5-23 Abundant 苹果采摘机器人

该机器人安装有内置的激光雷达,当该机器人工作时,它在苹果树之间穿梭过程中,激光雷达会射出激光,用机器视觉对苹果进行成像识别。如果苹果已经成熟,计算机系统就会对它进行排序,以便让机器手臂把它们采摘下来。

不过,与其说是采摘,不如说是吸吮,因为机器手臂用真空管把娇嫩的果实吸走,从而避免损伤苹果和果树。摘下来的苹果被放到传送带上,随后运送到一个箱子里。机器人一天 24 小时都能处于工作状态,对于不太熟的水果会自动略过,过些时日再回来,就像人类采摘苹果一样。Abundant 机器人每秒可以摘一个苹果,每天工作量相当于 7~10 个人工。

**2. 番茄采摘机器人** 番茄难采的问题,首先是果实容易被树叶遮住,其次是如何分辨果实成熟与否。而且西红柿是复数果实,连在同一条茎上,有点类似葡萄,但习惯食用法又不是像葡萄整串那样食用,而是每颗单独处理,人工采收同时可以把果实分离,机器人采收如果用刀片整串切下,事后很可能要人工分离,等于没有节省人力。

因此松下设计的自动采番茄机(图 5-24),强调用 2 台相机分别进行影像识别,从远距离确定有没有果实,以及从近距离确定果实是否已成熟到可采摘的水平,然后才将机械手臂伸到可采摘果实附近,不用刀具把果实扯下后,让番茄掉到底下准备好的篮子中。

说起来技术虽然简单,但实际上枝叶遮蔽番茄,摄影机没看到,或者看到番茄后摘下的

图 5-24 日本松下番茄采摘机器人

却是挡路的树枝树叶等问题,发生次数并不少,这些都需要在应用 AI 学习的同时,进行软件以及硬件的改进。

在改进成果方面,据悉,已经做到平均 15 秒完成识别与采收操作的水平,而采摘成功率也已有 50%～60%,其中采到未成熟果实的状况已减少,而且这台机器人的电力与系统稳定度,能持续工作 5 小时。而松下的目标是让采摘操作缩短到 6 秒 1 颗,成功率达 85%,并能持续工作 10 小时。

### 三、实践检验

#### (一)动手实践

使用物联网实训室的机器人套件制作一台能巡线的智能小车,要求安装 2 个巡线传感器,制作简单的机械臂,用黑色胶带在浅色的地面上制作一个三横三竖的网格,编程控制智能小车,让它能从起始点行驶到指定位置完成采摘任务。

#### (二)学习心得

答:_____

_____

_____

_____

### 四、课后任务

查阅资料,写一篇某种果实采摘机器人的总结报告,报告应包含应用场景介绍、主要组成结构和工作原理、实际应用效果。

单元五
农业机器人中的物联网技术

## 任务4 机器人分选

### 一、案例导读

秋天到了,农民朋友马上就要迎来收获的季节,每年这个时候都是农民最繁忙的时候,特别是对于种植蔬菜和水果的种植户来说,因为他们不仅要采摘果实,还要把这些果实一颗颗地进行分拣筛选,要知道这是一件工程量极大的事情。

一些大型蔬果种植园,每年甚至要雇佣专门的工人对采摘的农产品进行分拣,仅工人的工资就要花费好几万元。不仅如此,这项工作还要花费大量时间,一旦进度慢了,可能就会影响蔬果售卖的黄金时间。为了解决这个问题,北京工业大学的几个学生发明了一款智能农产品分选机(图5-25)。

图5-25 北京工业大学智能农产品分选机

这个机器人主要由三部分组成,一条履带、一个识别农产品的盒子和数根分拣农产品的推杆。种植户只需要把要分拣的果实放到履带上,果实就会顺着履带进入识别农产品的箱子,这个箱子会辨识出这颗水果或者蔬菜属于哪一品类,然后会把相关信息传递给分选农产品的推杆,等果蔬出了分拣盒,推杆就会自动把它推进应该归类的篮子里。

当然,这里最关键的一步就是在盒子里识别农产品,这机器怎么就那么聪明,能知道这颗果实属于什么品类呢?这背后,可是有一套艰苦的学习过程。这款智能分选机曾被北京平谷的一个水蜜桃种植基地选用,为了让机器学会分桃,研发者给机器"学习"了6 400张基地大桃的照片(图5-26),在这个过程中,机器自动提取了各种品类的桃子的特征点,并且形成了自己的分类逻辑。比如这颗桃子颜色比较黄、比较硬,应该直接收;而这颗桃子颜色比较深比较软烂,可以用来榨取果汁等。

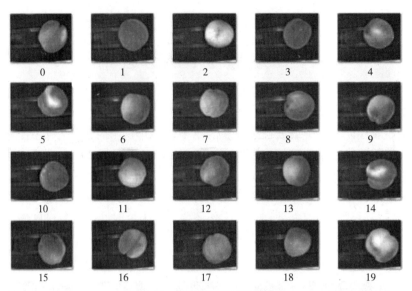

图 5-26　部分桃子的学习照片

等到逻辑形成以后，这款人工智能分选机就知道什么样子的桃子应该放在哪一个篮子里了。而在工作过程中，它还会不断积累学习新的桃子分类数据，不断提升自己的工作准确率。水蜜桃种植基地的老板说，这台机器分选的准确度也很高，可以达到90％以上，给他们省下了很多的时间和金钱，这让他特别惊喜。

## 二、知识提炼

> **学习目标**
> - 了解分选类机器人的应用
> - 熟悉分选机器人的组成结构
>
> **重点知识**
> - 分选机器人组成结构和工作原理
>
> **难点问题**
> - 分选机器人的工作原理

目前国内外现有水果分选机根据分选的依据大致可分为大小分选机、重量分选机、外观品质分选机和内部品质分选机等类型。

根据分选所用的传感手段又可分为机械网孔式（大小）、电子秤式（重量）、摄像机式（外观）、光电传感器式（色度）、气敏传感器式（内部品质）等类型。

### （一）重量分选机

电子秤式分选机核心为称重元件和微控制器，利用称重元件准确称出水果的重量，再利用微控制器控制分选，这种方法的分选精度及自动化程度高，宜于扩展，但是它只能作重量分选处理。浙江大学设计了一种重量分选机（图 5-27）。

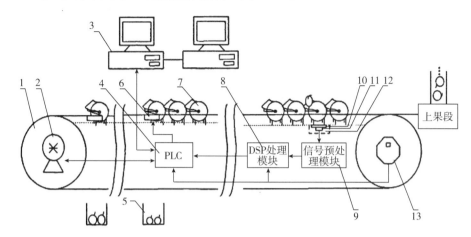

图 5-27 浙江大学重量分选机
1. 水果输送装置 2. 变频电机 3. PC 4. PLC 5. 下果分级口 6. 打果阀 7. 果杯
8. DSP 处理模块 9. 信号预处理模块 10. 承重片 11. 称重传感器 12. 称重区域 13. 同步信号发生器

它包括水果输送装置、变频电机、PLC、下果分级口、果杯、称重传感器等 13 个部分。水果输送装置与变频电机相连，通过变频电机可以实时改变水果输送装置上水果传送的速度。水果输送装置的另一端安装同步信号发生器，同步信号发生器可产生频率与水果分选速度一致的参考方波信号，作为系统的时钟基准。待分选的水果经上果段可保证平稳地落在果杯中。当载有水果的果杯通过称重区域时，经过信号预处理模块、DSP 处理模块、PLC 和 PC 的相关处理，该水果可在合适的分级口被电磁阀准确打落，从而进入下一步的包装工段。

### （二）视觉分选机

平顶山工业职业技术学院开发了一种基于视觉的芒果高速分选机器人，由芒果输送带、计算机视觉识别系统、单片机控制系统、基于模糊控制和高速并联自动化控制的高速机器人组成。

其工作流程为：电机驱动输送链轮，输送带首先将筐中的芒果按机器人动作节拍输送通过图像采集区，图像采集区设置 4 个摄像头，从 4 个方位采集芒果图像信息，摄像动作由设置在输送带上方的光电传感器触发；获得图像后，图像处理系统进行芒果图像特征提取，提取结果由计算机识别系统进行识别，按照模型判断芒果分属等级，并对芒果进行空间定位，将等级判定结果和空间位置信息从串口发出；最后，单片机同步控制系统操纵机器人进行抓取和放置，完成芒果的分级。

高速机器人分选系统由单片机指令控制。工业相机端采集输送带上的芒果图像，经 Sherlock 机器视觉软件和自主开发软件判定，确定视场内芒果的级别类属，并获取空间位置信息；再通过单片机驱动并联机器人和握持器动作，将芒果送入相应通道，进入相应级别包装箱，从而实现芒果的自动分选与分装。

### （三）分选机实例

2020 年 10 月 13 日，国内首条高技术含量苹果自动分选线在云南省昭通超越农业有限公司冷链物流园区建成投产，分选能力为每小时 20 吨（10 万个苹果），据悉，这是全国最大的苹果自动分选线（图 5-28）。

图 5-28 云南昭通苹果自动分选线

据介绍，这条苹果分选线由法国迈夫诺达集团公司生产制造，这家公司是全球最大的果蔬分选线公司。该生产线是该公司的王冠 6 通道第四代分选线，整条线分为上料清洗、拍照检测分选区、输出通道、封箱打包、溯源等五个部分。

第一部分即上料清洗部分可以满足大、小周转筐同时上料。大周转筐通过机械手自动翻转上料，并且可以对大筐内外进行自动清洗，空筐自动码垛。当苹果进入水槽中后，利用水的浮力和水流方向使苹果流向滚棍提升机，再经过喷淋和热风烘干区对苹果进行清洗和表面水分的烘干。

经过清洗后的苹果进入第二部分拍照检测分选区，该部分是整条线的核心部分。当苹果经过主机时，会有 4 组相机对每一个苹果进行 360°全方位拍照、称重和红外线光谱分析。根据主机采集的数据来区分每一个苹果表面是否有瑕疵，并根据着色面积、色度、单果重量、果径大小、糖度、是否有糖心、褐变、霉心病等来划分不同的等级，同时会给每一个苹果一个"身份证号"，再根据客户的不同需求分选出不同等级的品类并从不同的出口输出。

第三部分为输出通道。这条线共有 36 个输出出口，其中有 3 个干式填充出口，24 个快速包装出口，8 个转盘式包装平台，还有一个强制缺货口。可根据不同客户不同的品质需求和包装形式选择任一个合适的通道输出，以满足任何客户不同的要求。

第四部分为自动封箱、码垛、打包区。包装区对每箱苹果粘贴带有条形码的标贴，根据标贴输送不同的通道，当通道数量达到一定数量时就可以进行自动码垛打包。

第五部分为溯源系统。整条分选线还有一条完整的溯源系统，可以追溯到每一箱苹果的采摘时间、采摘地块、品种、品类等级、包装通道、包装日期等相关分选信息的溯源。

## 三、实践检验

### （一）动手实践

使用物联网实训室的机器人套件制作一台简单的分选机，使用履带传输物品，使用巡线传感器区分黑色和白色物品,如果是白色物品就启动机械臂搬运到正品箱,如果是黑色物品就自由落入次品箱。

### (二)学习心得

答:_____
_____
_____
_____

## 四、课后任务

查阅资料,写一篇分选流水线的总结报告,报告应包含应用场景介绍、主要组成结构和工作原理、实际应用效果。

### 单元小结

农业生产工具从机械化走向自动化、信息化和智能化是时代发展的必然趋势,从这个意义上来说农业机器人必然会出现。本单元主要认识了机器人在播种、植保、收获和分选四个环节的应用,学习了四种农业机器人的组成和工作原理。随着更多种类的机器人被应用到农业生产实践中,农业的人工智能时代即将到来。这些农业机器人一方面会大大提高生产效率,另一方面也让从事农业生产的劳动人民不再那么辛苦。

# 乡村振兴中的物联网技术

## 单元导学

记忆中"暧暧远人村，依依墟里烟"的故乡风景，"开轩面场圃，把酒话桑麻"的欢乐时光，充满了对故乡的思念、对亲人的牵挂。我们为什么会对乡村生活如此憧憬呢？这种情结源于中华传统文化。在中华民族历史的长河中，政治、经济、文化、军事无不打上农耕文明的烙印，我国的传统文化从某种意义上可以看作农业文化（图6-1）。可见，乡村是中国人的灵魂家园，农业是中国的根本。

"农业农村农民问题是关系国计民生的根本性问题"。

"必须始终把解决好'三农'问题作为全党工作的重中之重"。

"没有农业农村现代化，就没有整个国家现代化"。

习近平总书记在关于"三农"问题的重要论述中指出"农业立国"是最根本的命题，只有"根"扎稳了，中国这棵树才能枝繁叶茂。

图6-1　古代农耕场景

2020年12月，习近平总书记在中央农村工作会议上强调，随着脱贫攻坚的伟大胜利，"三农"工作重心将转为全面推进乡村振兴，这是中国乡村社会历史性转移和前所未有之变局。

实施乡村振兴战略要以农业农村优先发展为原则，实现产业兴旺、生态宜居、乡风文明、治理有效、生活富裕的发展目标（图6-2），建立健全城乡融合发展体制机制和政策体系，加快推进农业农村现代化。

产业兴旺是根本，生态宜居是基础，乡风文明是关键，治理有效是保障，生活富裕是目标

图6-2 乡村振兴战略要求

乡村振兴战略为当代青年和科技工作者施展拳脚提供了广阔天地，鼓励广大青年积极投身到乡村建设中，为实现中华民族伟大复兴贡献力量。

物联网技术为农村发展创造新动能，在生态环境改善、农村文化繁荣、治理能力提高、农民生活质量提升方面物联网必当大有作为。

**1. 产业发展**　在农业产业中，物联网既可以提高农产品的产量和质量，给出科学决策，实现自动化管理，保障食品安全，又可以通过农业物联网产业链将农业一、二、三产业融合，延伸农业产业链，打造农业全产业链的新型产业结构，从而助力农业产业振兴。

**2. 创收增收**　农村电商的兴起为农民直销自家生产的优质农产品广开渠道，甚至成为农民创收的主要方式，也吸引了大批在外打工的农村青年返乡创业。

利用物联网技术监测农产品各项数据，既可以作为生产方调节生产的重要参考，也可以为买家提供真实的数据，助其增进对农产品的了解。因此，物联网不仅为农产品增加了安全保障，还搭建起了买卖双方之间信任的桥梁。

此外，物联网还可以应用于乡村旅游、动植物认养、科普教育等活动中，拓宽了经营模式，促进农民增收。

**3. 安居宜居**　由于长期延续错误的耕作方式，加上过度的资源开发、自然和地质灾害，使得农村的生态遭受了严重破坏。振兴乡村的重要工作之一就是加强农村资源环境保护，维护好人与自然和谐共生的关系，把"绿水青山就是金山银山"理念落实到乡村建设当中。

目前，专用于生态环境监测的物联网系统已在我国部分乡村构建起来，覆盖范围不断扩大。物联网技术已经规范应用于农村生活污水监测、空气质量监测、灾害预防监测、垃圾分类治理等方面。

**4. 慧农利农**　随着我国城镇化的不断发展，城乡差距逐渐拉大，这种差距不仅体现在个人收入、居住条件上，还体现在医疗、教育和娱乐优质资源上，为了争取到这些服务，大量农村劳动力涌入城市，农村出现大量留守儿童和老人，这使得农村的发展更加缓慢和无力。

现在，以物联网技术为支撑的远程医疗、远程教育正在消弭空间的隔阂，缩小城乡差距。

例如患有慢性病的农村居民，可以选择在家养病，借助物联网传送自己的生理数据给主治医生，接受长期监督，获得准确有效的建议。山区的孩子们可以通过远程视频教学，和城里的同龄人享受同样的教育资源。

## 知识导图

本单元围绕物联网技术在乡村振兴中的典型应用展开，图6-3为本学习情境的知识导图。

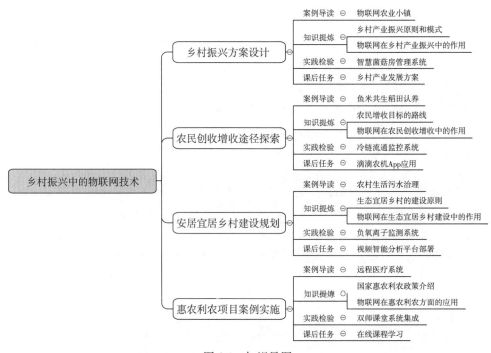

图6-3　知识导图

# 任务1　乡村振兴方案设计

## 一、案例导读

莲花荡，又称荷花荡（图6-4），文人笔下称莲溪，在明万历《重修宜兴县志》"山川"中提及"在县东南五十里"。面积约0.7平方千米。这里地势平坦，四周农田以稻、麦粮食作物为主，荡中除了盛产蔬菜、瓜类、豆类、芋艿等，还有鱼、虾、蟹、蚌及芦苇、茭白、四角菱等水产品。

图 6-4　莲花荡

2011 年，丁蜀镇政府通过土地流转，创建了宜兴市莲花荡农场。农场占地约 66.7 公顷，是集有机水稻田、采摘体验、观光旅游等于一体的生态湿地和田园综合体，是丁蜀镇逐渐拓展的生态农业版图。十年前，这里还是脏乱不堪的大片鱼塘、道路泥泞的连片猪舍，而现在已经发展成为农业物联网种植示范基地，大片开阔规整的农田，清澈的河水绕田缓缓流淌。

丁蜀镇确立打造物联网农业小镇（图 6-5）的发展方向，将农业物联网建设覆盖到大田种植、水产养殖、设施园艺、茶叶生产、乡村旅游、河道水质监测及森林防火等多个领域。在物联网技术的加持下，莲花荡大田的水稻单产大幅提高，"莲花荡"牌大米屡获中国绿色食品博览会金奖，销售价格达到 40 元/千克，远高于普通大米。物联网系统的运用，还为"莲花荡"牌大米溯源防伪保驾护航，让"莲花荡"大米这块金字招牌名副其实。

图 6-5　物联网小镇展示中心

现在，游客们每年 6—10 月来到莲花荡，都能看到稻田中的美丽"画卷"（图 6-6），莲花荡的名声也越来越响，这样一片"后花园"打开了乡村振兴村级协同发展新思路。

图 6-6 稻田画卷

## 二、知识提炼

> **学习目标**
> - 理解乡村振兴战略的重大意义
> - 了解乡村产业振兴的常见模式
> - 掌握物联网技术在乡村产业发展中的应用
> - 培养助力乡村振兴发展的情怀
>
> **重点知识**
> - 乡村产业振兴发展模式
> - 乡村产业发展的物联网技术
>
> **难点问题**
> - 有效利用物联网等信息技术助力农业产业发展

### (一) 乡村产业振兴的原则和模式

乡村要振兴，产业振兴是关键。产业是发展的根基，只有扎实打好产业根基，才能实现可持续发展，才能激发乡村振兴活力，最终实现乡村振兴。在乡村振兴的奋斗道路上，要遵循乡村产业振兴的原则：

**1. 将国家粮食安全放在首位** 深入实施"藏粮于地、藏粮于技"战略。要深入推进农业绿色化、优质化、特色化、品牌化，调整优化农业生产力布局，推动农业由增产导向转向提质导向，提高农业创新力、竞争力、全要素生产率，提高农业质量、效益、整体素质。

**2. 大力开发农业多种功能**

(1) 调整农业产业链。发展乡村旅游、休闲农业、观光农业、农村电商，延长产业链、提升价值链、完善利益链。

(2) 吸引人才实现可持续发展。积极引导新产业工人、高校毕业生和各类人才返乡下乡创业就业，积极引入先进科技，促进农村新产业新业态可持续发展。

(3) 合理调整农村产业结构。实施农产品加工业提升行动，支持主产区农产品就地加工转化增值，重点解决农产品销售中的突出问题，健全农产品产销稳定衔接机制，加快推进农村流通现代化，促进农村一、二、三产业融合。

**3. 要重点发展富民产业** 完善利益联结机制，通过保底分红、股份合作等多种形式，让农民合理分享全产业链增值收益；处理好培育新型农业经营主体和扶持小农生产的关系，坚持把小农引入到现代农业发展轨道上来，促进小农户和现代农业发展有机衔接。

对国内外乡村产业发展较好的经典案例进行梳理，得出对乡村振兴实践有一定的指导意义的八种发展模式。

(1) 民宿发展模式。民宿发展模式的样板首推莫干山镇，该镇地处浙江省湖州市德清县，莫干山镇践行"绿水青山就是金山银山"的发展理念，坚持"生态立镇、旅游强镇"的绿色发展之路，探索乡村民宿的规范化、标准化、品质化发展路径，从靠山吃山的穷乡村变成了蜚声海内外的国际乡村旅游度假目的地，为乡村民宿发展提供了"莫干山样本"。

(2) 村集体组织带动模式。山西省礼泉县烟霞镇袁家村以村支部为核心，以村民为主体，以乡村旅游为突破口来带动村内一产、二产发展，打造农民创业平台，组建合作社，在村集体的带动下实现产业高效发展，是村集体组织带动模式的成功典范。

(3) 村集体与社会资本共同撬动模式。泰山村位于河南省新郑市龙湖镇西南6千米，2007年，在外经商多年的乔宗旺回村担任村党支部书记，他带领村民不等不靠，利用紧靠郑州市区的区位优势和黄帝文化的品牌优势，按照"一村一品、一村一景、一村一产业"方案打造泰山村特色旅游村。

(4) 综合发展模式。中郝峪村位于山东省淄博市博山区池上镇大山深处。该村践行资源变资产、现金变股金、村民变股民的"三变"模式得到全国各地乡村的认可，在坚持"以农民为主体、让农民共同致富"的理念基础上，探索实施"公司＋项目＋村民入股"的综合性发展模式，全村人人是股东、户户当老板，休闲农业与乡村旅游一体发展。

(5) 一价全包精品民宿度假模式。乌村位于乌镇西栅历史街区北侧500米，紧依京杭大运河。采用"一价全包"国际度假经营理念，按照"体验式的精品农庄"定位进行开发，强调在对乡村原有肌理进行保护的基础上，营造具有典型江南水乡农耕文化传统生活氛围。

(6) 电商特色产业模式。三瓜公社位于合肥合巢经济开发区，距离合肥市中心约50千米，是合肥旅游发展的重要节点。该村融入"互联网＋三农"发展理念，构建集一、二、三产业与农旅相结合的"美丽乡村"发展系统，在建设过程中保护乡村原有的田林农湖系统，把乡村田野打造成诗意栖居、宜游宜业的家园。

(7) 田园综合体模式。浙江省安吉县的鲁家村是一个"开门就是花园、全村都是景区"的中国美丽乡村新样板。鲁家村以"公司＋村＋家庭农场"模式，将美丽乡村田园综合体"有农有牧，有景有致，有山有水，各具特色"的独特魅力呈现给世人。对追求自然耕种的城市人群有着极大的吸引力，带来乡村旅游的繁荣，带动村民增收致富。

(8) 传统文化复兴模式。传统文化复兴模式立足于文化传承的保护性开发，发展民居保护、民俗观光、民宿生态体验等完整的观光产业链。浙江省丽水市松阳县是留存完整的"古典中国"县域样板,中国国家地理把松阳誉为"最后的江南秘境"。松阳县从乡土文化资源的保护发展切入,挖掘松阳乡土文化资源禀赋,找到了一条"文化引领乡村复兴"的可行路径。

### (二)物联网在乡村产业振兴中的作用

**1. 环境监测** 通过传感设备实时采集生产基地的空气温度、湿度、二氧化碳、光照度、土壤水分等数据;然后将数据通过网络传输给计算机系统,计算机系统可以立即对数据进行分析处理。

**2. 远程控制** 农民可以根据数据分析结果,使用手机或电脑远程登录控制平台,操控生产基地的执行设备,也可通过预先设计的软件让系统自动根据情况来调整。

**3. 数据跟踪管控** 在农产品仓储及农产品物流配送等环节,通过电子数据交换技术、条形码技术和RFID等技术实现物品的自动识别和出入库,利用无线传感器网络对仓储车间及物流配送车辆进行实时监控,实现产业链条透明化,提高农产品的可信度和安全性。

## 三、实践检验

### (一)智慧菌菇房管理系统

蒲洼乡东村位于北京市房山区,属于山区地带,平均海拔800~1 200米,总面积11.97平方千米。森林覆盖率68.8%,林木绿化率87.2%。2007年以前,这里以开采煤矿为主要经济来源,周边环境遭到严重污染,本着造福子孙后代的原则,2007年东村关闭了煤矿。

自关闭煤矿以来,东村大力发展替代产业,主要以林下经济、冷凉经济、观光农业为主,大力发展高山林下食用菌种植(图6-7)、反季节为主的高山草莓种植和室内食用菌种植;建设食用观赏为一体的菊花生态观光园、8 000米的山脊游步道、林间小木屋;发展民宿旅游(图6-8)接待户40户,培训了近50名科技农手。这里年均接待游客2万人次,年均旅游综合收入达200万元,打赢了由资源利用向资源开发、由环境污染向山清水秀、由传统种植向科技带动的二、三产业发展的翻身仗(图6-9)。

图6-7 林下食用菌种植

图 6-8 民宿旅游

图 6-9 最美乡村

## （二）实践操作

冬季到来时，东村的雪景仍然令大批游客流连忘返，但是食用菌已经不能在室外种植了，为了提高冬季创收、解决林下种植的季节性问题，东村引入物联网技术，将冬季食用菌种植升级为室内培育，保障特色食品供应。下面我们使用物联网技术为室内食用菌种植设计一个智慧菌菇房管理系统。

智慧菌菇房管理系统（图 6-10）是基于物联网、大数据信息系统技术，通过各种传感设备对空气温湿度、空气中二氧化碳含量、光照度等数据进行采集，利用以太网、移动网络、WiFi 传输采集到的数据传输到控制中心，控制中心会根据人工经验所设置的各种参数来进行比较，判断实时的数据是否符合预制参数要求，通过手机 App 或电脑端（图 6-11）查看菌菇房内实况，并进行远程控制。

该系统能够依据食用菌的生长规律自动控制菇房内的温度、湿度、二氧化碳含量，为食用菌的生长创造出最佳的生长环境，大大提高了食用菌的产量和质量；系统自动化程度高，

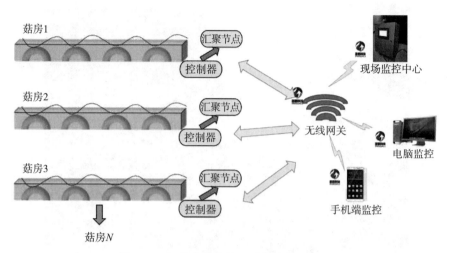

图 6-10　智慧菌菇房管理系统控制示意图

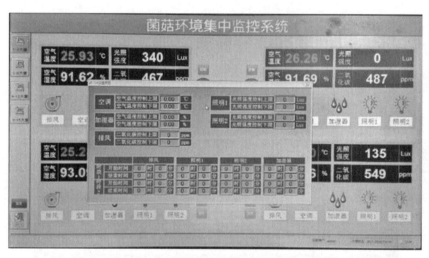

图 6-11　监控系统界面

各种制冷、加湿、通风、光照等设备在智能控制箱的统一协调指挥下，全自动化运行，降低食用菌的生产成本。

系统由温度传感器、湿度传感器、二氧化碳传感器、智能控制箱以及风机、制冷机、加湿器等外围设备构成，请描述系统主要有哪些功能？

答：_____

_____

_____

**（三）学习心得**

答：_____

_____

_____

## 四、课后任务

结合物联网技术给自己家乡的产业发展设计一个乡村产业发展方案。

## 任务2　农民创收增收途径探索

### 一、案例导读

麦场村（图6-12）位于昆明市富民县，这里四面环山，空气清新，视野开阔，距离昆明市区31千米。麦场村生态环境优美、无工业污染、水资源丰富、土壤肥力高，地理位置和气温等自然条件适宜种植水稻。麦场村一直以种植水稻为主，当地水稻品种优良，保留了传统的水稻种植方式，大米口感软糯香甜有弹性，富含多种人体所需微量元素。

图6-12　麦场村

但传统种植方式面临着水稻产量不高、人工成本高、产品附加值低等问题，为了解决这一问题，村里开始在稻田养殖谷花鱼（图6-13），起步之初，农户各自为营，谷花鱼养殖品质参差不齐，农民经济收入不高。

在麦场村"两委"的带领和支持下，该村与专业从事"物联网+认养农业"的云南新享农业科技有限公司合作，推出"鱼米共生稻田认养"项目，以体验式的创新农业发展模式让消费者直接连接生产者，弘扬农耕文化，助力乡村旅游，实现了产业兴旺、农村繁荣和农民增收，引领乡村振兴特色产业发展。

鱼米共生稻田认养活动是把传统的农业生产方式加入共享经济的元素，将稻田划分为10平方米一个单元，消费者可以通过"小满认养"微信公众平台下单进行认养，带家人和朋友来感受农耕乐趣，带孩子来认知稻谷的生长过程，参与体验种植、摸鱼、收割、碾米的农耕乐趣，每块地都有专属的地块标识（图6-14），专属管家管理，还可以参与摸鱼节、扎稻草人、运粮争夺战、手工编织、稻田音乐节等活动，在获得安全放心的大米和谷花鱼的同时，获得满满的成就感。

图 6-13　谷花鱼

图 6-14　地块标识

过去,农产品从田间到餐桌要经过合作社、经纪人,然后进入批发市场,最后才能进入城市里的菜市场或者大型超市。但是"认养农业"则是城市的消费者和农民直接取得联系,整条产业链由过去的"产供销"变成了"销供产",农产品滞销的风险被大大降低。同时,消灭了中间环节,农民收获的利润显著提升。

认养者可以通过手机直播(图 6-15)实时了解自己认养田地的情况,使得整个认养过程透明化,让消费者放心。

图 6-15　视频直播

类似这种认养预售模式的还有很多品类，例如认养牛羊、土鸡、水果、蔬菜等，认养农业在保护绿水青山的同时，让绿水青山所孕育的特色农林产品更加优质，更让农民增收脱贫，收获"金山银山"。

## 二、知识提炼

> **学习目标**
> - 了解农民致富增收的路线
> - 掌握应用物联网技术促进农民增收的方法
>
> **重点知识**
> - 实现农民增收的路线和策略
> - 应用物联网技术帮助农民增收
>
> **难点问题**
> - 以国家致富路线为引领，有效应用物联网、大数据等先进科技助力农民增收致富

### （一）农民增收目标的路线

乡村振兴，农民生活富裕是根本。拓宽农民增收渠道，提高农村民生保障水平，是乡村振兴战略中的重要发力点。那么，该如何促进农民持续增收，实现农民生活富裕呢？

**1. "农业产业致富"不能丢——开发培育更多新业态** 随着现代农业从增产导向转向提质导向，农村电商、乡村旅游、休闲农业、精品农业、新型农业经营主体等一批新产业、新业态、新主体在农村地区的广泛兴起，农业增收的空间也在不断拓宽。

**2. 转移就业增收入——多渠道就业创造更多可能** 深化户籍制度改革，促进有条件、有意愿、在城镇有稳定就业和住所的农业转移人口在城镇有序落户，依法平等享受城镇公共服务；大规模开展职业技能培训，促进农民工多渠道转移就业，提高就业质量；通过实施乡村就业创业促进行动，大力发展文化、科技、旅游、生态等乡村特色产业，振兴传统工艺。培育一批家庭工厂、手工作坊、乡村车间，鼓励在乡村地区兴办环境友好型企业，实现乡村经济多元化，提供更多就业岗位。

**3. 集体富才能共同富——壮大集体经济实现共同富裕** 乡村振兴，既要立足于富农户，又要立足于壮集体。壮大集体经济，是实现农民共同富裕的有效途径。无论是早期发展起来的江苏华西村、河南南街村、北京韩村河，还是浙江鲁家村、吉林北大荒村等后起之秀，都是通过发展集体经济实现全村农民共同富裕。

### （二）物联网在农民创收增收中的作用

物联网技术风起云涌，它的魅力和价值是能为农民找到致富增收的新空间。"物联网+农业"这种前所未有的生产模式，给农业插上腾飞的翅膀。物联网技术可以监控农业生产环境、动植物生命信息，为农业生产精准管理与调控提供科学依据，达到增产、改善品质、调节生长周期、提高经济效益的目的；可以实现农业生产和管理自动化，有效分配资源、提高

效率、节省成本;可以跟踪产品信息,让数据透明化,保障食品安全,丰富城市菜篮子,促进社会发展;还可以帮助农民减少因信息不灵、措施不力等因素引起的损失,实现销供产一体,保障和增加农民收入。

## 三、实践检验

### (一)冷链流通监控系统

**1. 农产品仓储物流存在的问题** 农业农村部规划设计研究院发布的《农产品产地流通及"最先一公里"建设调研报告》中称,中国果蔬和薯类产后损失率高达15%~25%,每年损失近2亿吨;农产品"最先一公里"建设严重滞后,中国产地仓储保鲜设施缺口约为2.3亿吨库容。

(1)"最先一公里"建设严重滞后。农产品产后损失大。以水稻为例,水稻丰收时湿度很高,需要及时除湿降水。如果没有设备及时烘干,5~6小时之后,粮食就会变质,时间再长些就会产生黄曲霉素。

农产品产销信息不通畅。信息不共享、不透明是制约农产品流通的关键问题。农民自做出决策时,面临着不确定性风险;而中国农产品流通价值多为农产品经销商和零售商获得,农民受益极少,且时常要承担"卖难、卖贱"等风险。

农产品加工品质低。在农产品产地初加工方面,由于农产品产地初加工设施简陋、方法原始、工艺落后,导致农产品产后损失严重,品质下降。

大量的产后损失、加工品质低、产销信息不畅等问题严重侵蚀了农业增效、农民增收的基础,也给农产品的有效供给和质量安全带来了压力和隐患。

(2)农产品物流基础设施建设需要加强。中国农产品的产地仓储保鲜设施总量明显不足。随着农产品产量增长以及消费者对产品新鲜度要求的提高,产地仓储保鲜设施缺乏的问题也愈加突出。因此,大力开展以农产品产地仓储保鲜设施为重点的农产品冷链物流基础设施建设,鼓励社会资本参与,加强与农产品电商企业、大型连锁超市、物流企业开展合作,推广产地仓、县域共配迫在眉睫。

在产地仓(图6-16)模式中,农产品可以在最短的时间内经过预冷、清洗、分级分选、包装等商品化处理,在产地转化为商品,增加保存能力;产地仓与协同仓、销地仓的数字化

图6-16 产地仓

协同可以加速农产品分销。

（3）供需信息匹配问题亟待解决。我国农产品产地流通的组织化程度较低，多数农户仍然以分散经营为主，产品销售通过代购点销售给批发商，或者被本地的农产品流通企业直接收购，交易方式都是最原始的"一对一"。由于农产品采收期有严格限制，大多数农民没有储藏保鲜设施，造成农民在农产品交易过程中没有话语权、利益得不到保障的问题。此外，农产品流通信息服务严重缺乏。

以顺丰优选、盒马、本来生活等为代表的农产品电商正快速发展，B2C、C2C、C2B、O2O等各种模式竞相推出，成为农产品供需对接的重要渠道。电商企业在产销信息的获取、分析和利用等方面具有独特优势，在供需信息方面可以充分利用电商平台的信息化资源和技术优势，打通农产品供应链堵点、联结断点，形成自营与交易服务相结合、批发与零售相结合、线上线下深度融合的农产品供应链体系。

**2. 农产品冷链物流中的物联网技术** 农产品冷链物流是指使肉、禽、水产、蔬菜、水果、蛋等生鲜农产品从产地采收（或屠宰、捕捞）后，在产品加工、储藏、运输、分销、零售等环节始终处于适宜的低温控制环境下，最大限度地保证产品品质和质量安全，减少损耗，防止污染的特殊供应链系统。加快发展农产品冷链物流，对于促进农民持续增收和保障消费安全具有重要意义。物联网技术在农产品冷链物流中的广泛应用，将大大提升我国农产品国际竞争力。

（1）物联网技术在生鲜产品加工中的应用。传统农产品生产加工过程依照生产厂商的规定进行操作，操作过程透明度不高。一旦出现质量问题，很难确定问题出现在哪个环节。物联网技术的运用（前文提到的农产品溯源），能够确定责任归属、快速解决问题。

（2）物联网技术在生鲜仓储管理中的应用。

①提高生鲜产品仓储管理水平。将电子标签贴在生鲜农产品上，在冷库出入口处安装标签阅读器，货物出入库时的信息扫描就能够自动完成了，既节省了人工又提高了工作效率。

②动态感知在储生鲜品的数量。在冷库地面设置感应秤，可以感知到冷库内生鲜品数量的变化，为合理地控制库存创造条件。

③提高生鲜品仓储安全系数。通过物联网红外感应等技术手段，感知人员的进出及其他异物的入侵，从而实现冷库的安全管理。

总之，物联网的应用将使整个仓库实现可视化，最大限度地提高保管质量，实现仓库安全管理，并能实现仓储条件的自动调节，提高仓储作业管理效率。

（3）物联网技术在生鲜运输管理中的应用。运输是农产品冷链物流的重要环节。物联网技术在农产品运输工具之间的应用，可以极大地提高农产品运输效率。

①物联网技术可以实现运输过程的可视化，做到农产品运输车辆的及时、准确调度，从而提高运输效率，尽量避免无效运输。

②物联网技术可以实现车载农产品的动态感知，动态监控在途农产品的质量与安全。

③物联网技术可以采集和处理运输环节的各项数据，以便科学做出运输决策，从而从根本上提高运输的合理性，实现农产品冷链物流的有效流通。

(4)物联网技术实现生鲜物流的信息共享。信息共享是冷链物流管理的目标。物联网技术对农产品冷链中流动的物品跟踪,同时向所有参与者实时传送数据,减少了信息失真,使参与企业能更及时、准确预测需求变化,大幅度降低库存水平。

### (二)实践操作

**1. 冷链流监控系统概述** 生鲜农产品冷链物流系统涉及多个环节,要确保在冷链储存、搬运、分拣、配送环节中,产品处在一定的温湿度范围。本方案运用无线通信、卫星定位、传感器、数据库等技术,实现冷链物流过程的可视化监管。

**2. 冷链流监控系统工作过程**

(1)冷链各环节安装若干无线温湿度传感器,传感器将采集到的数据通过无线方式发送至网关。

(2)网关连接到互联网,对于仓库等固定场所,可使用以太网方式连接互联网。而对于货车等移动设备,可使用 GPRS 网关,通过 GSM 网络连接到互联网,该网关还具备卫星定位功能,可将货车的位置信息发送至互联网中的数据服务器,方便定位。

(3)用户通过监控平台可实现对温湿度的实时监控,若传感器检测到温度超上限或温度变化过快,监控平台及手机会接收报警,实现整个冷链物流过程温湿度监管。所有的温湿度数据将保存在服务器数据库中,实现数据的历史查询及打印,方便数据分析。

图 6-17 所示为农产品冷链流监控系统示意图。

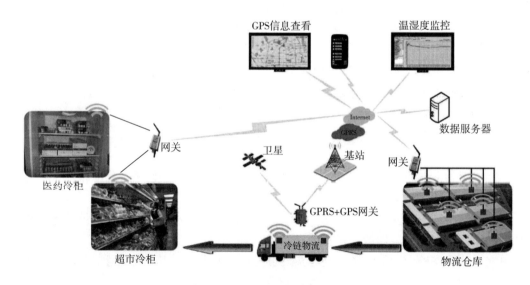

图 6-17 农产品冷链流监控系统

(4)冷链流监控系统设计要求。

①温湿度精度。传感器的采样周期、温湿度高低报警门限等功能参数可配置,实现温湿度精细化管理。

②功耗。产品设计达到工业级要求,超低功耗,无线传感器电池寿命最长可达 5 年。

③系统容量。一个网关可最多连接 240 个传感器节点。

④信息安全性。采用合适的加密技术,确保信息安全。

⑤抗干扰能力。需支持 64 信道跳频,提高了无线通信的抗干扰能力。

⑥网络稳定性。独特的软件设计,即使在 GPRS 传输暂时中断的情况下,在重连后即可恢复中断期间的数据;网关采用主备电供电方式,主电不可用的情况下,备电可连续工作 48 小时。

⑦安装与成本。无线系统无须布线,安装简便安全,降低系统的运营成本。

⑧产品追溯。冷链物流全过程温湿度数据保存于数据服务器中,一旦出现问题,可查看历史数据,方便问题追溯。

图 6-18 和图 6-19 分别为某冷库及某食品陈列柜的温湿度监控。

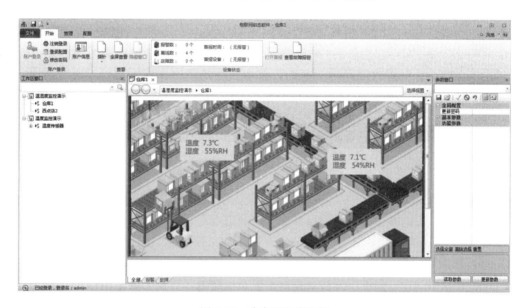

图 6-18　冷库温湿度监控

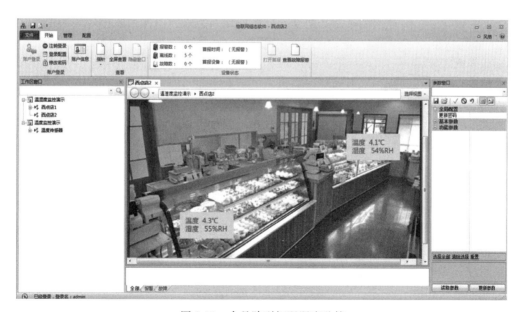

图 6-19　食品陈列柜温湿度监控

根据需求,请列出该系统需要的硬件和软件:

答:_____

_____

_____

(三) 学习心得

答:_____

_____

## 四、课后任务

针对现今农机与农户间信息不对称,许多农机仅局限于本合作社或本区域作业,农户无法及时找到农机手进行耕收等问题,本次任务是了解并使用托普云农开发的"滴滴农机" App 预约农机服务,体验应用效果,并叙述其工作流程(图 6-20)。该系统主要有以下功能。

**1. 农户找农机**　农户根据自身作业需求,提前发出预约服务,标注相应的发单人信息、作业时间、地点、面积、类型、理想报价等,农机拥有者可根据信息发布者距离路线、作业内容进行接单。

**2. 附近农机手**　农机手可在此模块下自行发布农机类型、农机数量、作业地点、理想报价等租用信息,农机需求者可对应自身需求内容进行选择,实现农机需求者和农机拥有者的精准对接。

**3. 维修加油**　依托省级 GIS 管理系统,对接各农机服务中心及各加油站地理位置信息,为农机使用者农机加油、部件维修等日常服务提供便捷信息服务。

图 6-20　滴滴农机管理系统

## 任务 3　安居宜居乡村建设规划

### 一、案例导读

临安位于杭州西郊，以山清水秀、物产丰富闻名。临安的美不只美在自然风光，更美在村镇。近年来，临安区将物联网技术运用到农村生活污水排放监管中，实现了农村生活污水监管智能化。

在临安区太湖源镇指南村，每一个农村生活污水处理设施终端上都能找到一个二维码，使用手机扫一扫，就能轻松获取污水处理终端的工艺类型、处理水量、服务农户数、水质标准等数据，既能实现数据透明化，还能有效监督运维人员的现场工作，节省故障报修时间。

#### （一）农村污水点多、面广、线长，急需有效管理

临安区地处杭州市西部，是钱塘江、苕溪的上游，也是杭州市重要饮用水水源。因此，农村生活污水处理排放成为临安水治理工作的重点。

2005 年，临安区启动实施了农村生活污水治理设施建设工作，建设无动力厌氧、微动力好氧等多种模式农村污水治理设施（图 6-21）。2014 年，临安进一步推进"五水共治"工作，实现了农村生活污水治理设施行政村全覆盖。如今，农村生活污水治理已经成为临安区推进生态文明建设的"旗帜"。

图 6-21　污水处理设施

#### （二）物联网技术进村庄，遥测监管实现智能化

2016 年初以来，临安区天目山镇通过安装流量计、数据传输等物联网系统，监管人员通过手机、电脑即可对污水处理系统的运行状况实施监测。

系统不仅可以实时查看污水治理设施的出水量、电机运作时间、耗电量等数据，还能精确统计并储存每个终端每天、每周、每月以及全年的流量数据。根据每个站点的污水量，设定污水排放的最大值和最小值。运行中一旦偏离这个数值，系统就会在手机和电脑上报警。比如超过最大值，提示污水管网有雨水或地下水浸入；低于最小值，很可能是管网漏水（漏排）或堵塞。一些重点监管点位，还安装了 COD（化学需氧量）等水质污染指标遥测系统，一旦超标排放，系统也会自动报警。

临安区"物联网农村生活污水运维智慧平台"建成运行5年多来，监管人员共收到物联网报警7 000多次，有的是污水管网出现问题，有的是污染指数超标了，也有的是雨水较大通过窨井盖渗入导致出水值超过最大值。监管人员都依法依规做了妥善处理，保证了农村生活污水得到有效处理。

### （三）二维码扫一扫，运维信息全知道

为了让普通村民参与到农村生活污水处理监管中，有效监督运维人员现场工作，临安区住房建设、生态环境等部门为农村生活污水处理终端量身定做专属二维码"身份证"，实现了手机扫一扫，污水处理情况、运维管理情况全知道的目标。

村民和游客通过扫一扫，除了解到污水终端工艺类型、处理水量、服务农户数、水质标准外，还可以了解到污水水泵系统、回流系统、风机系统是否正常，再细一点，还可以看到调节池、初沉池、厌氧池、出水井等情况。这一系统的亮点还在于，运维人员必须到现场通过手机扫一扫，才可以在开展日常运维工作时添加当日的巡检记录，并上传现场照片。运维人员想"偷个懒"，坐在办公室在电脑上填报巡检记录已不可能了。此外，运维人员发现设备故障情况时，可现场拍照上传运维管理平台。平台技术人员根据图片情况，分析故障原因，及时派出相应人员进行维修，大大提高了工作效率。

运维公司负责人可以对处理设施的运维情况和运维人员进行综合打分，督促运维工作。"五水共治"专管员能够对运维企业的组织管理、行为规范、运维效果、社会评价进行综合考核并提交考核结果。由运维人员、技术人员、运维负责人以及专管员构成的全链条监督维护机制正在临安区农村污水处理工作中高效运转。

## 二、知识提炼

> **学习目标**
> - 了解生态宜居乡村建设的原则
> - 应用物联网技术建设安居宜居乡村
> - 理解农业农村生态可持续发展的意义
>
> **重点知识**
> - 实现乡村生态治理、安居宜居的指导原则
> - 物联网技术在农村人居问题上的解决办法
>
> **难点问题**
> - 使用物联网技术提高农村环境治理、人居水平

### （一）生态宜居乡村的建设原则

在每个人心目中，乡村的模样不尽相同，可以是幸福生活的家园，也可以是休闲旅游的乐园。2017年底举行的中央农村工作会议提出，建设生态宜居的美丽乡村，就是要全面提升农村环境、产业、文化、管理、服务，实现净化、绿化、美化、亮化、文化，将农村打造成为人

与自然、人与人和谐共生的美丽家园，让城乡居民能"看得见山，望得见水，留得住乡愁"。

**1. 美化环境，完善基础设施**　生态宜居的美丽乡村，既要美化农村环境，又要完善农村基础设施和提高公共服务水平。建设生态宜居的美丽乡村，不是简单地搞"村庄建设"或者"新房建设"，而是要从根本上缩小城乡差距，既要美化农村环境，又要完善农村基础设施和提高公共服务水平。生态宜居美丽乡村建设刚刚起步，存在着资金短缺、运行管护滞后等问题。美丽乡村建设需要足够的耐心，坚持不懈地完善地方清洁乡村、生态乡村长效机制。

**2. 产业生态化，生产清洁化**　有了产业作支撑，绿水青山才能变成"金山银山"，农业产业生态化、发展清洁化是建设生态宜居乡村的重要举措。

农村生态产业的发展，加速了人才、技术和资金等生产要素向农村流动，催生了观光农业、有机农业、乡村旅游、民宿、农村电商等农村新业态。单纯依靠农业很难富裕农民，要把生态农业与创意农业、乡村旅游结合起来，发展休闲观光农业，把农村建设成为养生养老的地方，把田园变为乐园，农房变为客房，农产品变为旅游产品，有效提升农业溢价能力。

**3. 传承农耕文化，留住乡愁**　我国是一个有着浓厚农耕文明的国家，农耕文化深植于每一个中国人的灵魂深处。"朝为田舍郎，暮登天子堂"是古代读书人的理想与追求。建设生态宜居的美丽乡村，并不是要摧毁旧的农耕文明，用城市文明代替农村文明，一定要避免重蹈一些城市建设对历史文化破坏的覆辙，尤其是对历史文化村落、古树名木、古老建筑（图 6-22）的破坏，要以改造为主、以新建为辅，尽量不改变地形地貌、道路水系，不破坏植被，突出农味、土味、原生态味，把农村建设得更像农村。

图 6-22　北京市房山区水峪村古民居

### （二）物联网在生态宜居乡村建设中的作用

除了赋能乡村服务和乡村治理外，"智慧"二字正渗透在乡村生活的每个场景，改变着农村的点点滴滴。智慧路灯、智慧巡更、环境监测、智慧水务等智慧管理建设，将实现农村公共设施智能化，将物联感知深入百姓生活，带动乡村信息化应用，提升数字乡村物联部件的感知能力和实时管控的能力。

**1. 乡村生态环境保护**　美丽乡村的环境建设不光依靠对环境改造和设施改造投入，更重要的是对优良环境的传承与保护，对农村环境污染进行全方位监督。物联网可视化系统实现对各基站范围全方位和全天候监控，是农村秸秆焚烧、违章搭建、污染排放、空气质量检测等监管上的好帮手。管理人员可以通过电脑、大屏幕、手机等工具实现对基站周围数千米的监控，及时发现监控范围的社会问题并转交执法人员及时处理，实现了对农村环境的全域保护。

**2. 乡村智慧化建设**　在智慧管理上，利用物联网及大数据分析技术，可以对重要游览节点实现客流量统计及大数据分析，建立了游客投诉及建议系统、收银一体化系统和综合安防系统。在智慧服务上，物联网应用主要集中在游客集中区域 WiFi 覆盖、"互联网+"客户接待和休闲中心、智能停车场系统、电子导览服务系统、LED 大屏显示建设等五方面。在智慧营销上，则主要体现为景区网站开发、微信公众号建设、App 系统打造、第三方销售渠道建设等四方面。在乡村政务上，推进涉农服务事项在线办理，促进网上办、指尖办、马上办，提高突发公共事件应急处置能力，提升人民群众满意度。

## 三、实践检验

### （一）负氧离子监测系统

近年来，我国大中型城市雾霾天气时有出现，而雾霾天气中的细微颗粒物会对人的身体健康造成严重危害，负氧离子被誉为"空气维生素"，能够通过人的神经系统及血液循环过程对人体的机体生理活动产生影响，因此，空气中负离子浓度是空气质量好坏的标志之一。

本案例为负氧离子监测系统设计，系统采用国际通行的"吸入式电容收集法"对大气中负氧离子浓度进行测量的系统。配套负氧离子监测系统软件，可实现数据接收、分析统计、查询、曲线分析及 Web 发布等功能。同时也可选配 LED 显示屏（图 6-23）实时显示测量数据。

图 6-23　LED 显示屏

负氧离子监测站由空气负氧离子浓度传感器、温湿度传感器、数据采集器、无线 GPRS 通信模块和电源控制系统组成，实现对环境信息的分析、查询、预警和管理功能。图 6-24

为负氧离子监测站系统结构。

**1. 负氧离子浓度传感器、温湿度传感器** 负氧离子浓度传感器，采用电容器法，可以用于获得单位体积内空气中物体所产生的离子极性是否正确，并反映离子浓度的高低。传感器可嵌入各种与空气负氧离子浓度相关的仪器仪表或监测系统，为其提供及时准确的浓度数据。

**2. LED 显示屏** LED 信息发布系统由 LED 显示屏、显示控制器、无线数据传输单元和显示屏信息发布中心平台四个部分组成。控制中心通过信息软件，以 GPRS 网络为数据传输，以无线数据传输单元和 LED 显示控制器为 LED 显示屏的接入终端，实现由控制中心向远程的无线 LED 显示设备发送图文信息。不受距离限制，无须布线，在全国范围无线 GPRS 网络覆盖的地方都能使用。

**3. 智能采集器**

（1）交直流、太阳能供电系统、防雷保护单元。

（2）负氧离子监测系统（图 6-24）。

负氧离子监测的软件系统，可以根据设定的阈值向相关管理单位发布预警信息，采用声光报警、电话报警、手机短信息报警、网络客户端报警等多种形式通知相应监管人员。

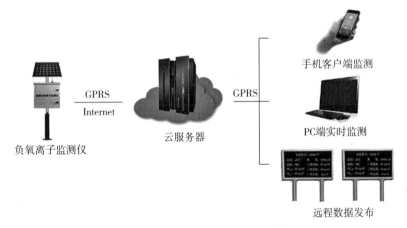

图 6-24 负氧离子监测系统结构

监控点通常选取实际负氧离子浓度较高的位置进行布控，一般原始森林、天然瀑布、黄金海岸、绿色原野等区域往往负离子浓度高，总的原则是丰富的植被茂密，覆盖面积大，有瀑布或者水流之地是较好的监控点位置，数据现场可视化通常配备高清 LED 屏幕，可视化显示端既可与监控点一起放置，又可单独分开，布点在进出口人流量高的位置，方便使用者实时观看了解实时监测数据。

**（二）实践操作**

按照功能描述中的要求进行市场调研，选择合适的产品，列出产品参数、数量和报价。

答：＿＿＿＿＿＿＿＿＿＿＿＿＿＿＿＿＿＿＿＿＿＿＿＿＿＿＿＿＿＿＿＿＿＿＿＿＿＿＿

＿＿＿＿＿＿＿＿＿＿＿＿＿＿＿＿＿＿＿＿＿＿＿＿＿＿＿＿＿＿＿＿＿＿＿＿＿＿＿＿＿＿

＿＿＿＿＿＿＿＿＿＿＿＿＿＿＿＿＿＿＿＿＿＿＿＿＿＿＿＿＿＿＿＿＿＿＿＿＿＿＿＿＿＿

**（三）学习心得**

答：＿＿＿＿＿＿＿＿＿＿＿＿＿＿＿＿＿＿＿＿＿＿＿＿＿＿＿＿＿＿＿＿＿＿＿＿＿＿＿

## 四、课后任务

随着城市化进程的加快,农村大批青壮年外出务工,农村出现"留守老人、妇女和儿童"现象,给农村的治安也带来巨大压力。视频监控作为物联网的典型应用,给农村治安提供保障,能够为公安机关案件侦查提供线索和证据。

视频智能分析平台部署需要实现以下需求:

(1) 在乡村出入口、主干道、重点单位、人员密集区等公安机关关注的区域实现 24 小时监控。

(2) 实现分级管理,即村、乡镇、区县三级监控中心。

(3) 在各个乡村监控室布置中心视频设备,负责将前端摄像机接入,并进行本地存储。

(4) 多个用户同时预览同一路图像时,视频从流媒体分发,从而大大减少前端设备负荷。

实现功能:

(1) 多协议支持:支持 EHome、GB28181、HikSDK 等协议接入。

(2) 报警:支持移动侦测、遮挡、离线的警报。

(3) 卫星定位:支持对设备 GPS 信息采集。

(4) API 接口:通过 API 接口对接公安内部业务系统,实现远程管控。

(5) AI 支持:支持扩展 AI 功能。扩展人脸、车牌等识别功能。

(6) 多级权限分配:可结合业务功能实现分级分权限。

(7) 集中存储:可实现中心存储备份。

视频智能分析平台能够支持人脸识别、车牌识别等智能分析系统,在搭建美丽乡村解决方案中发挥着积极作用。图 6-25 为软件操作界面,图 6-26 为系统设备图。参照该系统设计和本地实际情况设计一套视频监控系统。

图 6-25 视频智能分析平台

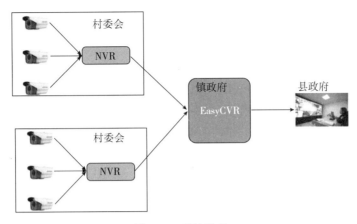

图 6-26　系统设备

## 任务 4　惠农利农项目案例实施

### 一、案例导读

5G 网络的建设和普及使得物联网行业的应用如虎添翼，大大提高了医疗时效性和稳定性。5G 技术的加盟使得医生能更快地获取患者的疾病信息、制订治疗方案，能更有效地对患者进行远程诊断、远程会诊、远程手术等操作，能优化医疗产业资源，在很大程度上缓解了农村及偏远地区医疗资源不足的问题。

#### （一）基层医生有了得力"助手"

2020 年 11 月，海南省启动了基于 5G 物联网的基层医疗卫生机构能力提升工程项目。该项目利用 5G、物联网和人工智能技术，依托现有信息化基础，对全省各市（县）农村基层医疗机构进行智慧化能力提升，建设远程诊断、智慧院区、5G 智慧急救系统、人工智能辅助诊疗系统等，全面促进优质医疗资源下沉，实现病理、CT、MR 诊断能力下沉到市县医院，超声下沉到乡镇卫生院，心电、胎心监护能力下沉到村卫生室。

文昌市东路镇葫芦村卫生室自 2020 年 7 月开始启动该项目的试点工作。试点 6 个月的数据表明，该智慧设备检测数据准确、数据传输快、诊断精度高、操作简单。在该设备的帮助下，葫芦村已经有 3 例心梗病人被确诊，村医在上级医院专家的远程指导下做了正确处理，并及时转诊到上级医院，避免了意外发生的可能。

#### （二）让"千里之外"近在眼前

远程医疗是一种现实需求，无处不在、无时不在的医疗和保健成为提高人们生活水平的一个新的重要指标，在过去相当长的时间里技术、成本、信息的共享机制和人们的传统观念极大地制约了远程医疗的发展，现在这些瓶颈环节都在被时代发展一一突破，为远程医疗的发展带来新的机遇。下面以菏泽中医院远程医疗会诊系统为例进行介绍。

**1. 系统简述**　菏泽中医院远程医疗会诊系统，使用"捷视飞通"公司高清编解码器、多媒体多点控制单元设备作为其核心通信部件，提供了实时交互医疗工具，配合专用医疗设备可以提供最高品质的远程医疗服务。

系统从结构（图6-27）上可分为手术室子系统、远程会诊子系统、交换控制中心子系统、网络传输子系统四个子系统。

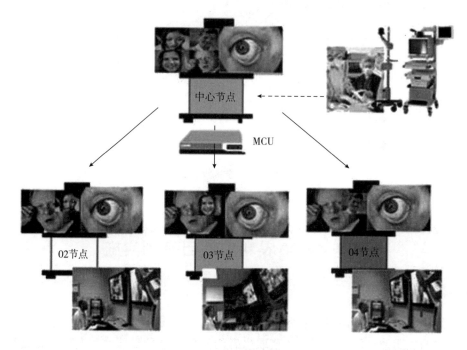

图6-27 远程诊疗系统示意图

**2. 系统应用**

（1）手术示教。配置一台高清视频终端，提供一路高清互动视频输入和一路高清视频互动输出，配合话筒、音箱等与手术室实现视频实时互动交流。

（2）远程诊疗。高清诊疗图像实时传输到异地端同样的系统，可对多种疾病进行远程诊断，例如皮肤组织疾病的诊断判别、内脏器官的超声检测数据图像远程共享查看，使医疗工作变得更加简单，有效解决了异地专家无法按时抵达就诊地的问题。

（3）病房实时监管。通过高清视频终端，实时轮询特殊和隔离病房，利用高清互动与病患交流，了解病患需求，掌握实时病况。

（4）医疗资源共享。可远程查看患者的病例、检查报告，对患者的病情、病况进行录制和存储，以便日后查询和共享。

## 二、知识提炼

> **学习目标**
> - 了解国家惠农利农政策
> - 应用物联网技术为农民提供服务

> - 探索新科技在"三农"工作中的应用
>
> ◉ **重点知识**
>
> - 国家惠农利农政策
> - 物联网在服务农民方面的技术
>
> ◉ **难点问题**
>
> - 合理有效利用物联网技术实现惠农利农目标

### (一) 国家惠农利农政策介绍

随着各项福利政策逐步向农村倾斜,农民权益和保障制度不断完善,农村的养老、医保、教育水平得到大幅提升。

**1. 增加农业补贴**　农业是农村的根本,这几年我国土地流失和撂荒的情况屡次出现。为避免此类问题发生,鼓励农民种地,我国政府加大农业补贴、比如休耕补贴、轮作补贴、养殖补贴等。

**2. 加大农村养老、医保和教育补贴**　我国一直重视农村养老和医保问题,农村医疗保险解决了农民看病难、看病贵的问题。为了逐步缩小城乡差距,我国在农民养老保障、农村教育方面不断加大补贴力度,使得农民能够享有城镇同样的福利和保障。

**3. 加大农民自主创业补贴**　"不要老往外地跑,家里也能挣不少"的宣传标语在农村随处可见,目的就是鼓励农民在家乡创业。农民返乡自主创业也将有一定的补贴政策,比如减少税收、提供创业扶贫贷款等措施。

这些惠农政策的出台,使得城乡差距逐渐缩小,大批外出务工人员选择回乡就业,还吸引了一些高学历人才到农村创业,在农村广阔天地大显身手。

随着乡村振兴战略的实施,高素质农民培训被提上了日程,各级政府相继推出各类农民学历提升教育,建设"土专家""田秀才"的实用型队伍才是根本的解决办法。

### (二) 物联网在惠农利农方面的应用

物联网在乡村政务管理、农业资源管理、农业生产经营管理、行政法规监管中起到透明化、信息化、智慧化的作用,给农民的生产生活带来便利。

物联网在远程医疗、远程教学、农资信息、农民培训、学历提升等方面的广泛应用,可以极大推动社会资源的城乡共享,吸引科技人才,为乡村的发展注入强劲软实力。

物联网可以一站式解决"三农"问题,为农民提供智慧服务,加快农村智慧化建设进程,改变农业产业形态。

## 三、实践检验

### (一) 在线授课系统

教育资源分配不平衡、城乡教育资源差距等问题,一直制约着乡村教育的发展。随着网络教育的蓬勃兴起,用户能够跳出空间、时间上的限制,更快捷、更有效地获取到更多教育资源,而"在线教育""送教下乡""远程教育""空中课堂"等新型教育公益形式,也在一定程度上为乡村教育发展提供了新的解决方案。特别是新冠疫情期间，"在线教育"、"空中课堂"（图6-28）、"钉钉"、"腾讯会议"等授课形式为大家所熟知，给疫情期间的教学提供了保障。

图6-28 空中课堂

在线教育有不受时空限制、课堂形式灵活多样、课堂互动生动有趣、氛围活泼愉悦、及时了解个人课堂学情等优势。对乡村教育来说，组织优质的师资团队及有针对性的老师培训，通过网络辐射到乡村，从而快速弥补乡村教育存在的问题和短板。

双师课堂是利用远程互动教学的授课模式（图6-29），让偏远地区的学生能够享受优质教育资源，直接接受名师教学。

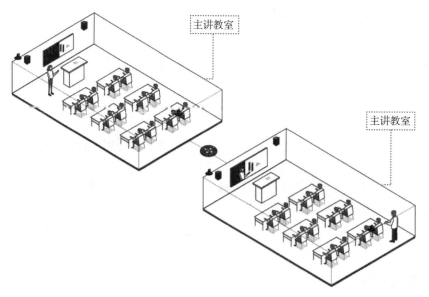

图6-29 双师课堂授课模式

**1. 系统特点**

（1）简易操作。一键上课互动，一键直播录制、自动跟踪、智能导播、轻松开展在线课堂互动教学。

（2）会议级互动。多种视音频技术提供会议级的互动教学体验，如唇音同步技术、智能丢包恢复、动态速率调整，自动回声消除技术、背景噪声控制等。

（3）统一管理。配合教育互动录播云平台，为区域大规模部署的设备提供统一管理、业务控制、业务数据分析统计，让管理更高效。

（4）高度集成。单一设备实现前期多种业务的整合应用，集成录播主机、视频会议终端、视频矩阵、中控主机、刻录机、音频矩阵、回声抑制器、反馈抑制器、均衡器、调音台等10大功能设备。

**2. 核心设备**　图6-30为系统核心设备。

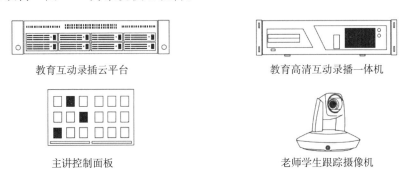

图6-30　核心设备

**（二）实践操作**

根据系统功能描述和给定的核心设备，绘制该系统的网络拓扑图。

**（三）学习心得**

答：_____

_____

## 四、课后任务

使用微信搜索小程序"老刀学霸"，打开该小程序中自己感兴趣的在线课程体验学习。

### 单元小结

物联网在乡村振兴中有着重要的作用，在农产品加工、物流运输、销售、农产品溯源、乡村基础建设、乡村生态环境治理、农村生活服务、村务管理、农村教育、医疗养老、文化娱乐中到处都有物联网技术的身影，而物联网技术与大数据、人工智能、区块链等信息技术融合共同服务于乡村发展，是乡村振兴的有力支撑，在新一代信息技术的引领下，我国的乡村必定会大放异彩。

# 参考文献
REFERENCES

阿宏，2006. 欧日食品新规实施我农产品出口门槛提高［J］. 中国果菜（03）：57.
白东升，2017. 基于计算机视觉的高速机器人芒果分选系统设计［J］. 农机化研究，1（8）：231-233.
蔡文，2011. 水果动态称重与自动分选控制系统研究与开发［D］. 杭州：浙江大学.
陈磊，2011. 果蔬采摘机器人的研究［J］. 农机化研究，1（1）：225-226.
丁飞，2019. 物联网开放平台：平台架构、关键技术与典型应用［M］. 6版. 北京：电子工业出版社.
冯颖，2020. 食品安全追溯法律制度研究［D］. 兰州：兰州大学.
郭建立，吴巍，张林杰，等，2021. 物联网服务平台技术［M］. 北京：电子工业出版社.
何龙，2020. 植保无人机发展现状［J］. 农业工程，10（9）：12-15.
近藤 直，2009. 农业机器人［M］. 北京：中国农业大学出版社.
李道亮，2018. 农业4.0即将来临的智能农业时代［M］. 北京：机械工业出版社.
李道亮，2021. 农业物联网导论［M］. 2版. 北京：科学出版社.
李道亮，2021. 物联网与智慧农业［M］. 北京：人民邮电出版社.
刘子欣，2018. 新浪网"上海福喜食品安全"事件报道效果分析［D］. 南京：南京师范大学.
吕鏳苗，宁鹏飞，2019. 基于物联网技术的冷链物流监测系统设计［J］. 物流工程与管理，5（41）：80-83.
王德生，2012. 美国食品安全政府监管体系概述［EB/OL］.（2012-7-20）［2021-11-3］. http：//www.istis.sh.cn/list/list.aspx?id=7475.
王有年，2010. 新农村科学养殖概要［M］. 北京：金盾出版社.
王振录，梁雪峰，陈胜利，等，2017. 农业物联网技术与应用［M］. 北京：中国农业科学技术出版社.
吴功宜，吴英，2018. 物联网技术与应用［M］. 2版. 北京：机械工业山版社.
吴玉发，2013. 水肥一体化自动精准灌溉施肥设施技术的研究和实现［J］. 现代农业装备（4）：46-48.
夏英，2019. 农业4.0：改变中国与世界的农业革命［M］. 北京：中国农业出版社.
杨婵，2015. 我国食品安全事故（2005—2014）数据库建设与传媒预警研究［D］. 武汉：华中师范大学.
杨丹，2019. 智慧农业实践［M］. 北京：人民邮电出版社.
佚名，2017. 湖州鱼塘的电子保姆［EB/OL］.（2017-01-12）［2021-11-3］. http：//www.tpwlw.com/case/19.html.
佚名，2017. 托普仪器农业物联网给猪仔一个舒适的家［EB/OL］.（2017-01-12）［2021-11-3］. http：//www.tpwlw.com/case/21.html.
佚名，2021. EasyCVR搭建美丽乡村视频监控系统方案［EB/OL］.［2021-11-3］. https：//www.cnblogs.com/TSINGSEE/p/14069563.html.
佚名，2021. 畜牧业中的物联网应用［EB/OL］.［2021-11-3］. http：//www.iot-online.com/art/2017/031956049.html.
佚名，2021. 从物联网到二维码"身份证"：临安对农村生活污水治理监管进行智能化探索［EB/OL］.［2021-11-3］. https：//www.cenews.com.cn/newpos/sh/pw/202007/t20200702_948396.html.

佚名，2021. 果蔬薯类年损 2 亿吨！权威报告建议补齐农产品"最先一公里"短板，推广产地仓等模式［EB/OL］.［2021-11-3］. https：// m. 21jingji. com/article/20210317/herald/6d2f5bfe90ad7cec98b1adcfad719d5f _ ths. html.

佚名，2021. 揭秘"京东跑步鸡"黑科技：高新兴物联赋能传统农业变得更智能［EB/OL］.［2021-11-3］. https：// baijiahao. baidu. com/s？id=1602578618012673729&wfr=spider&for=pc.

佚名，2021. 蒲洼乡东村获评中国美丽休闲乡村［EB/OL］.［2021-11-3］. http：// www. bjfsh. gov. cn/ztzx/wqzt/sjzz/201811/t20181116 _ 389094 _ fs. shtml.

佚名，2021. 生鲜农产品冷链流通监控系统解决方案［EB/OL］.［2021-11-3］. http：// www. longwatch. com. cn/chanpinjieshao/jiejuefangan/95. html.

佚名，2021. 托普物联网为中华绒螯蟹提供良好水环境［EB/OL］.（2021-01-22）［2021-11-3］. http：// www. tpwlw. com/case/20. html.

佚名，2021. 五问乡村振兴战略［EB/OL］.［2021-11-3］. https：// www. sohu. com/a/224217196 _ 776260.

佚名，2021. 物联网水产养殖环境监控系统［EB/OL］.（2021-04-22）［2021-11-3］. http：// www. tpwlw. com/baike/info _ 63. html.

佚名，2021. 小小靓科技. 揭秘"京东跑步鸡"背后的黑科技［EB/OL］.［2021-11-3］. https：// www. sohu. com/a/237563804 _ 100036680.

佚名，2021. 宜兴丁蜀镇莲花荡农场生态觉醒，昔日烂泥塘变成网红打卡地［EB/OL］.［2021-11-3］. http：// news. jstv. com/a/20190827/1566891451961. shtml.

佚名，2021. 远程智慧医疗走进海南乡村卫生室 5G 助诊"神器"让村医有底气［EB/OL］.［2021-11-3］. http：// wenchang. hainan. gov. cn/wenchang/22276/202101/577d33aa14c44ae6a1c30b5893dd216e. shtml.

余宝明，张园，等，2016. 物联网技术及应用基础［M］. 北京：电子工业出版社.

余欣荣，2016. 物联网改变农业农民农村的新力量［M］. 2 版. 北京：中国农业大学出版社.

张春燕，李作臣，王旭有，2014. 澳大利亚牛肉可追溯系统建设经验及启示［J］. 农村经济与科技，25（09）：46-47.

张卫民，郑建红，2020. 走进物联网［M］. 北京：机械工业出版社.

中华人民共和国统计局，2020. 中国统计年鉴［M］. 北京：中国统计出版社.

周祎，2009. 实施 ISO22000 应对中国虾产品出口绿色贸易壁垒［D］. 无锡：江南大学.

周振明，郭望山，王雅春，等，2007. 借鉴澳大利亚牛肉追溯建设经验推动我国牛肉追溯系统建设［J］. 中国畜牧杂志（21）：62-65.

图书在版编目（CIP）数据

农业物联网技术应用 / 张文静，曹旻罡主编 . —北京：中国农业出版社，2022.3（2024.9重印）
ISBN 978-7-109-29168-3

Ⅰ.①农⋯ Ⅱ.①张⋯ ②曹⋯ Ⅲ.①物联网—应用—农业 Ⅳ.①S126

中国版本图书馆CIP数据核字（2022）第033252号

中国农业出版社出版

地址：北京市朝阳区麦子店街18号楼
邮编：100125
责任编辑：许艳玲　文字编辑：李兴旺
版式设计：王　晨　责任校对：刘丽香
印刷：北京通州皇家印刷厂
版次：2022年3月第1版
印次：2024年9月北京第3次印刷
发行：新华书店北京发行所
开本：787mm×1092mm　1/16
印张：11.25
字数：265千字
定价：35.00元

版权所有·侵权必究
凡购买本社图书，如有印装质量问题，我社负责调换。
服务电话：010-59195115　010-59194918